# 建筑施工企业
# 大安全生产系统管理实论

闫子才　著

应急管理出版社

·北　京·

图书在版编目（CIP）数据

建筑施工企业大安全生产系统管理实论/闫子才著．
——北京：应急管理出版社，2024（2024.5重印）
ISBN 978-7-5237-0490-5

Ⅰ.①建… Ⅱ.①闫… Ⅲ.①建筑施工企业—安全生产—生产管理 Ⅳ.①TU714

中国国家版本馆 CIP 数据核字（2024）第 054803 号

### 建筑施工企业大安全生产系统管理实论

| | |
|---|---|
| 著　　者 | 闫子才 |
| 责任编辑 | 唐小磊　孔　晶　李雨恬　田　苑 |
| 责任校对 | 赵　盼 |
| 封面设计 | 卓义云天 |

| | |
|---|---|
| 出版发行 | 应急管理出版社（北京市朝阳区芍药居 35 号　100029） |
| 电　　话 | 010-84657898（总编室）　010-84657880（读者服务部） |
| 网　　址 | www.cciph.com.cn |
| 印　　刷 | 北京世纪恒宇印刷有限公司 |
| 经　　销 | 全国新华书店 |
| 开　　本 | 710mm×1000mm $^1/_{16}$　印张　16　字数　252 千字 |
| 版　　次 | 2024 年 4 月第 1 版　2024 年 5 月第 2 次印刷 |
| 社内编号 | 20240206　　　　　　　　定价　78.00 元 |

**版权所有　违者必究**

本书如有缺页、倒页、脱页等质量问题，本社负责调换，电话：010-84657880
（请认准封底防伪标识，敬请查询）

# 序

安全生产事关人民群众生命财产安全，事关改革发展稳定大局，事关党的执政形象，也事关企业生存和健康发展。

安全生产理论是社会化大生产发展到一定历史阶段的产物，许多西方学者经过长期的探索和研究，形成了事故频发倾向理论、海因里希因果连锁理论、能量意外释放理论、人机轨迹交叉理论等具有代表性的多种事故致因理论，推动了世界安全生产事业的发展。

近年来，我国国民经济实现了高速发展，取得了举世瞩目的成就，建筑企业也随着国家经济的快速增长不断发展壮大，人民群众对美好生活也有了更高的向往。企业高质量发展对安全生产管理提出了更高的要求，然而目前生产安全事故时有发生，存量风险尚未化解，增量风险不断叠加，加之历史遗留问题，传统事故致因理论是否能适应新时代建筑企业安全管理的现实需求是值得探索和研究的课题。

本书提出的大安全生产 SESP 系统理论，是在实践基础上的理论创新，利用了系统观念、系统思维、系统手段和方法，从时间维度、空间维度构建了立体的、动态的企业本质安全生产管理体系，按照企业不同层级的管理职能定位，科学阐释了企业安全生产管理体系如何构建、如何运行和如何提升。本书系统理论架构严密、逻辑性强，能够有效地指导建筑企业安全生产管理体系的构建、运行和提升，对推动行业进步、企业高质量发展具有较高的现实借鉴意义。

本书从整个建筑企业安全管理视角出发，"跳出企业看企业"，贯穿了企业各层级，涵盖了企业全系统，从理论到实践开创性阐述了如何构建建筑企业安全生产管理体系。本书具有以下三个特征：

一是以系统观念把握安全管理发展规律。安全管理是一门坚持系统观念，符合事物普遍联系、发展变化规律的科学。现实生活中，"构建本质安全型企业、强化企业本质安全管理能力"似乎已成为一种口号。而本书生动形象地介绍系统管理基础理论，还原了工程建造生产实践活动，系统总结了安全生产系统管理观点，并将观点与方法有机融合，可以说是深入浅出、逐层递进，科学把握了安全管理发展的基本规律，经得起理论和实践的推敲验证。

二是以系统思维提出企业大安全生产 SESP 系统理论。本书直击行业痛点，毫无遮掩地指出企业安全管理现实困局。根据建筑行业和建筑企业特点，从系统管理角度出发，基于系统演绎基本原理，按层级构建了六大企业本质安全管理系统及其子系统，创建了业务管理系统基本模型。在体系运转过程中，针对暴露出的"系统综合征"问题，采用系统预控的方法和手段进行修复，从而创造性提出了一种全新的安全管理理论，即企业大安全生产 SESP 系统理论。

三是以系统方法将理论和实践紧密结合。早在革命战争年代，毛泽东同志就指出："我们不但要提出任务，而且要有解决完成任务的方法问题。我们的任务是过河，但是没有桥或没有船就不能过。不解决桥或船的问题，过河就是一句空话。不解决方法问题，任务也只是瞎说一顿。"本书对建筑企业大安全生产系统管理既讲为什么、是什么，又讲怎么办；既抛出问题、回答问题，又系统解决"桥或船"的问题，生动体现了安全生产系统观和方法论的统一。

本书既有管理理论的深入研究，也有管理实践的有效验证；既有全面的理论传承，也有重大的突破创新。大安全生产 SESP 系统理论是逻辑严谨、论证严密的，也是切中要害、符合实际的，经得起反复推敲和实践检验。因此，不管是在大中型建筑企业总部，或者二、三级公司，还是在现场项目部；不管是企业主要负责人，或者是分管负责人、部门负责人，还是现场的项目管理人员；不管是企业技术、生产等系统管理人员，还是专职安全监督人员，都能够在本书中找到解决困惑问题的答案，都能让所在企业在原有管理基础上实现安全生产体系的完善，都能结合岗位实际实现安全生产管理水平的提升。

  本书作者曾担任过中央企业基层项目经理，也曾在工程局总工程师、副总经理、总经理、党委书记、董事长及央企总部多个部门负责人等岗位上任职，同时还是西南交通大学、合肥工业大学的客座教授，是一位视野开阔、极具理论素养和企业家情怀的学者型管理者，具有较强的系统思维、较高的理论水平和丰富的企业实践经验。本书所述的大安全生产 SESP 系统理论和工作方法来源于实践、升华于实践，是一本理论与实践相结合的管理著作。相信本书将会对我国安全管理理论的创新发展和建筑企业本质安全管理能力的提升产生十分重要的影响。

中国工程院院士：

2024 年 4 月 1 日

# 前　　言

## 对生命的敬畏

当生命遭遇不可抗拒的自然灾害、生产安全事故、不可预知的意外等情况时，在为逝去生命默哀的同时，我们深深地感受到生命的宝贵和脆弱；当人们万众一心为挽救生命而努力，为守护生命而拼搏时，我们又会体会到生命的坚强和力量。"珍爱生命、敬畏生命"是本书的自然初心，"人民至上、生命至上"更是本书的时代使命。我们本着"仁者爱人""推己及人"的态度，自觉守护生命、自觉敬佑生命。

安全生产是民生大事，是衡量人民群众幸福感的一个重要指标。每次事故都冲击着人们的灵魂，生命的逝去、家庭的破裂、财产的损失……惨痛的教训无法挽回逝去的生命，"举一反三"换不回一个原本幸福的家庭，"事后问责"也无法复原破碎的家庭。尊重生命、敬畏生命，是人类生存的基本法则，因而维护生命安全是安全工作最大、最根本的价值所在。本书正是站在珍爱生命的视角，为建筑企业有效遏制和防范生产安全事故提供了有价值的管理思路和工作方法。

## 管理者的困惑

近年来，我国建筑行业实现了高速发展，取得了举世瞩目的成就。然而，安全生产力相对落后的新矛盾却日益凸显，较大及以上事故发生的势头并未得到有效遏制，给许多家庭带来了无法弥补的伤害和灾难！"总体稳定""依然严峻"是当前绝大多数建筑企业安全生产形势的基本现状，"总体向好"已然成为了建筑企业安全生产管理的奋斗目标。

"不要带血的GDP！"站在政府和行业的角度，不能说不重视安全，因为安全生产不仅是政治责任和法治责任，更是社会责任和道德责任，对政府、行业形象具有很大的影响，也与政府公务人员和行业管理者的职业生涯密切相关。然而，长期以来对待安全生产形成了工作惯性："一说落实就是开会、一说贯彻就是发文、一说行动就是检查"；发生事故后，马上启动"领导批示—紧急开会—严肃通报—专项排查"的惯性模式。运动式的专项整治之后一切照旧，性质相同、原因相似的生产安全事故却反复发生。

安全是高质量发展的前提！站在企业角度，也不能说不重视安全。在企业层面，制度那么多，会议那么多，检查那么多，为什么事故还在发生？已经很尽力了，也很尽心了，为什么安全形势却得不到扭转？大会讲安全、小会讲安全、反复强调安全，"三违现象"为何屡禁不止？开展了各类繁多的检查，发现了不少问题和隐患，开了整改通知单，但事故为什么依然发生？事故发生后，按照"四不放过"严肃追责，相关责任人受处分，并举一反三，但同类事故为何还不能避免？

安全是"一票否决"！站在项目角度，更不能说不重视安全。在工程项目层面，安全验收那么多，隐蔽旁站那么多，日巡查、周检查那么多，为什么事故不能避免？开展了风险辨识、判定了风险等级、制定了管控措施，为什么风险仍衍变为隐患？政府监管部门、建设单位、监理单位和企业内部对项目开展了隐患排查和整治，为什么隐患仍衍变为事故？

# 前言

## 作者的思考

习近平总书记曾多次指出,系统观念是具有基础性的思想和工作方法。要完整、准确、全面贯彻新发展理念,必须坚持系统观念,加强前瞻性思考、全局性谋划、战略性布局、整体性推进。要善于透过现象看本质,不断提高系统思维、创新思维、法治思维和底线思维能力。习近平总书记在安全生产方面的重要指示批示,给做好安全生产工作指明了方向,就是要坚持系统观念,关键是如何在工作中创造性贯彻落实,这是一门系统管理科学,也是从业者要回答的问题。

安全生产管理要坚持系统观念。坚持系统观念在于把握并遵循事物之间普遍联系的客观规律,着眼于从事物的整体出发,对事物发展相关要素和环境进行系统分析和整体把握,不能就安全谈安全,要分别站在国家、行业、企业的整体角度,用系统的观念思考抓好安全生产工作的方法和路径。

安全生产管理要坚持系统管理。在国家层面有政府监管系统,履行政府安全生产监管责任;在企业层面有生产组织系统、技术保障系统、物资设备系统、工程分包系统、安全监督系统、教育培训系统等,这些业务管理系统都与企业安全生产工作密切相关,基本涵盖了工程项目施工生产的全生命周期。因此,从企业业务管理系统入手,用系统观念、预控理念、系统思维、系统管理的手段和方法,重塑和强化企业安全支撑能力和安全监督能力,是提高企业本质安全能力的根本途径。

大安全生产管理要有顶层设计。安全生产是一项系统工程,抓好安全生产工作要坚持系统观念,要靠系统的手段和方法破解企业安全发展难题。企业有多个管理层级,每个层级有多个管理系统,安全生产管理如何做到横向到边、纵向到底，如何落实《安全生产法》中对"三管三必须""全员安全生产责任制""双重预防机制"的规定，这就要求企业要进行大安全生产管理的顶层设计，加之企业本质安全建设是全局性、系统性、结构性的管理工作，大安全生产管理的顶层设计就显得更为重要。顶层设计要明确企业层级的功能定位，根据功能定位衍生出管理任务，塑造每个层级的管理框架，同时构建系统管理的基本要素，以此引领和指导企业大安全生产系统的本质安全建设。

## 本书的期盼

本书充分融合工程实践的思考和体悟，把握安全生产基本规律，以一种全新视角，从安全生产的本源来思考问题，为企业管理者打开一扇窗，破解企业安全生产管理难题，回答企业安全生产管理困惑，给出企业本质安全建设的系统路径。希望有限的研究和探索能帮助从业者树立正确的安全系统观和管理理念，帮助管理者掌握企业本质安全系统管理的方法和手段，减少建筑企业生产安全事故。

树立正确理念。理念决定意识，意识决定行为，行为决定结果。抓好安全生产工作的前提是树立正确的安全理念，坚持安全生产是一项系统工程、安全生产是企业各业务系统的共同责任、"生产线"系统是安全管理的主体、专职安全管理系统是安全监督的主体、干好本职工作是最大的安全履职等正确的安全理念，才能有效指导管理行为。

创建系统方法。坚持系统观念，采用系统思维、系统手段和方法是抓好安全生产工作的根本路径。本书基于企业安全生产管理困惑和现状，用系统的手段和方法寻找治本之策，探索本质安全治理之道。无论你处于哪个管理层级，从事何种岗位，面对安全生产管理难题，通过阅读本书都能有所启发，找到合理的系统化解方法。

践行生命至上。习近平总书记指出，安全生产要坚持"人民至上、生命至上"，践行"生命至上"的根本落脚点是减少和杜绝事故的发生及人员的伤亡。本书希望建筑企业通过树立正确的理念、创建系统方法实现本质安全，从而减少生产安全事故的发生，实现"珍爱生命、敬畏生命"的自然初心。

## 专著的架构

安全管理是一门科学，为了全面、深入地将本书内容展示给读者，让读者收获更多、启发更多，让建筑企业从业者能够掌握如何系统思考解决企业安全管理问题，本书从"为什么？""是什么？""怎么办？"三个维度系统阐述了建筑企业大安全生产管理的系统观和方法实论。

为什么？——第一章企业安全管理形势与现实困局，分析了建筑企业管理特点和安全管理的历史，阐述了当前建筑企业安全管理的形势和困境，引导读者深刻认识我国建筑企业安全管理主要矛盾变化带来的新特征、新要求，深刻认识错综复杂安全管理形势带来的新矛盾、新挑战，从而增强风险意识，准确识变、科学应变、主动求变。

是什么？——第二章企业安全管理系统观，介绍了系统管理基础理论，通过还原工程建造生产活动，并从工程实践中系统性演绎安全生产系统管理观念，指出了安全生产工作是一项系统工程、安全管理的主体是"生产线"系统、干好本职工作是最大的安全履职等系统性观点，同时也阐述了风险、双重预防机制等安全管理系统实践启示。第三章引用医学"综合征"概念，从工程实践中构建了一种"系统综合征"模型，创造性地提出了大安全生产SESP系统理论，为企业安全生产管理体系构建、运行和提升，提供了理论基础和参考依据。

怎么办？——本书第四、五、六章在前面章节理论介绍的基础上，系统回答了企业安全生产管理体系如何构建、如何运行和如何提升的问题。第四章详细介绍了构建企业安全生产管理体系的基本方法和要点，为企业管理者如何在企业实施、完善安全生产管理体系设计提供借鉴和参考。第五章从企业层面、项目层面、作业层面分别阐述了各层级安全生产管理体系如何运行，并遵循全员、全过程、全方位、全时间、全周期的运行原则。第六章介绍了企业安全生产管理体系运行评价的原理和方法，同时介绍了企业安全生产管理体系提升的十个主要途径，具有较强的现实意义。

希望本书能够帮助更多的企业完善安全生产管理体系，提升安全生产管理水平，助推企业实现高质量发展。如果能做到这一点，对所有从业人员来说，善莫大焉；对国家、社会和企业来说，功莫大焉；对生命安全来说，更是功莫大焉！

# 目　次

## 第一章　企业安全管理形势与现实困局

第一节　企业管理特点　/　3
第二节　企业安全管理演变历程　/　7
第三节　企业安全管理面临形势　/　10
第四节　企业安全管理现实困局　/　14

## 第二章　企业安全管理系统观

第一节　系统管理的基础理论　/　27
第二节　安全管理系统观念　/　42
第三节　企业安全管理系统实践启示　/　55

## 第三章　企业大安全生产 SESP 系统理论

第一节　传统事故致因理论及其局限性　/　73
第二节　系统综合征　/　79
第三节　SESP 系统理论　/　92

## 第四章 企业安全生产管理体系构建

第一节 企业业务管理系统基本模型 / 107
第二节 企业安全生产管理体系 / 113
第三节 "大安全"生产系统构建要点 / 119

## 第五章 企业安全生产管理体系运行

第一节 体系运行的基本原则 / 151
第二节 企业层面的体系运行 / 154
第三节 项目层面的体系运行 / 176
第四节 作业层面的体系运行 / 187
第五节 纵向贯通、横向联动 / 190

## 第六章 企业安全管理体系评价与提升

第一节 安全管理体系评价 / 197
第二节 安全管理体系提升 / 203

参考文献 / 237
后记 / 238

# 第一章
## 企业安全管理形势与现实困局

安危相易,祸福相生,缓急相摩,聚散以成。

——战国《庄子·则阳》

# 第一章　企业安全管理形势与现实困局

企业安全管理是生产经营活动过程中一个不可或缺的关键环节，直接关乎企业稳定和高质量发展，是一项集经常性、基础性、复杂性、突发性于一体的系统工程。东汉史学家荀悦在《申鉴·杂言》中说："先其未然谓之防，发而止之谓之救，行而责之谓之戒。防为上，救次之，戒为下。"这句话的意思是在事情没有发生之前未雨绸缪是预防，事情或其征兆刚出现就及时采取措施加以制止、防止事态扩大是补救，事情发生之后再行责罚教育是惩戒。预防为上策、补救为中策、惩戒为下策。建筑企业安全生产管理工作需要经常分析安全形势，反思管理工作的不足，破解安全生产难题，提高安全管理实效，排险除患，防范事故。

## 第一节　企业管理特点

### 一、规模大

我国城市化和工业化的持续推进，推动了建筑业飞速发展。2018—2022年，我国建筑业总产值分别为 22.58 万亿元、24.84 万亿元、26.39 万亿元、29.3 万亿元、31.2 万亿元。

大型建筑企业的规模也随着建筑业的飞速发展而快速增长，据统计，2022年仅八家大型建筑央企的营业总收入就超 6.7 万亿元，同比增长 10.64%。从营业收入来看，有三家大型建筑企业营收超万亿元。就规模而言，我国建筑业的发展已经站在了历史新的高度，大型建筑企业的规模也达到了前所未有的高位。

### 二、层级多

随着改革开放的深入，我国找到了计划经济与市场经济之间的平衡点，建立了具有中国特色的社会主义市场经济体制。国有建筑企业也进行了一系列的体制改革，通过加大自身的市场化程度，释放国企的经济活力，也让企业业绩实现了明显的增长。但由于我国特殊的国情与发展历史，从大多数大型国有建筑企业身上仍可以看到计划经济的影子。

目前，大型建筑央企仍沿用传统的组织模式。伴随着国企改革深入与业务模式的扩大，它们在传统的组织模式上，慢慢扩大同层级的容量或增加组织整体的层次，形成了如今"总公司-工程局-子分公司-项目部"为主的四级管理模式，在一些规模较大、发展较好的子分公司层级下也会衍生出区域分公司、专业分公司层级，总体上形成了五级管理模式。

大多数省级建筑国企也采用和大型央企类似的组织模式，只不过没有了总公司层级，省级建筑国企集团总部扮演了大型建筑央企工程局的角色，形成了"集团公司-子分公司-项目部"的三级管理模式，与大型建筑央企相同，省级建筑国企下属规模较大的子分公司也会衍生出区域分公司、专业分公司层级，从而形成了四级管理模式。

总体而言，大型建筑企业的管理层级较多，其中大型建筑央企的组织层级有4~5层，省级建筑国企的组织层级有3~4层。

### 三、矩阵型组织

无论是大型建筑央企还是省级建筑国企，大多数采用的是矩阵型的组织模式，如图1-1所示。总公司作为宏观的监管及投资中心；各工程局作为管控中心和经营中心；子分公司作为管理主体、经营主体、利润主体及成本主体；项目部作为履约主体，负责项目具体的实施、运作。

在该组织模式下，总公司仍旧存在相关业务部门对工程项目进行直接管控的情况，从上到下，讲究对口管理。各层级之间，通过部室的划分以及职能的分工，从而清晰划分各部室之间的职责，对下实现专业归口的管理。

### 四、分工细

矩阵型的组织模式，既保证了直线型结构集中统一指挥的优点，又吸收了矩阵型结构分工细密、注重专业化管理的长处。

大型建筑企业规模大、层级多，按照职能分工，各层级划分的职能业务系统也比较多、比较细。项目管理是企业管理的基础单元，企业职能也是根据项目履约需求来进行划分设置的。

层级职能一般划分为：技术保障系统、物资设备系统、生产组织系统、分包管理系统、财务管理系统、人力资源系统、党群工作系统等，如图1-2所示。

第一章　企业安全管理形势与现实困局

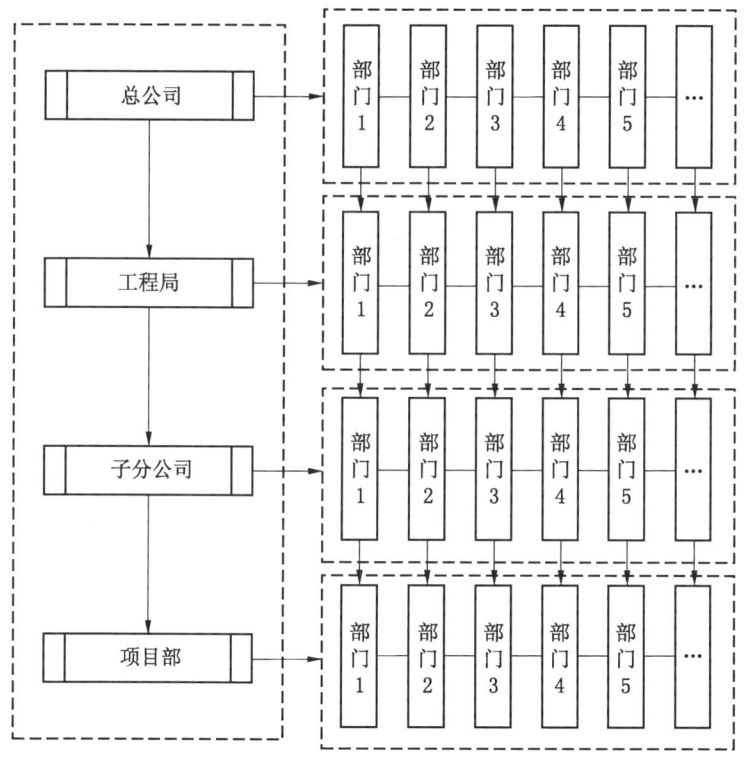

图 1-1　矩阵型组织

## 五、劳动力密集

随着我国经济的快速发展，建筑企业也从原来的国有制、计划经济体制时代进入现今的国有制、集体制、股份制、私有制及混合制等多种经济体制并存的市场经济时代。建筑业的劳动力经历了"专业建筑工人""专业建筑工人与农民工并存""农民工主力军"三个时期。

当前，建筑业劳动力又面临着新的挑战：一是用工荒。劳动力严重不足，一线建筑劳务工人年龄结构老龄化严重，后继无人。二是无序流动。用工荒也导致劳务人员恶性竞争，大量无序流动，整个建筑行业劳务队伍稳定性差。三是专业技能下滑。由于我国建筑产业工人培育体系不完善，一线专业技术操作工人的技能操作水平呈下滑趋势，工匠精神、安全质量意识急需提高。

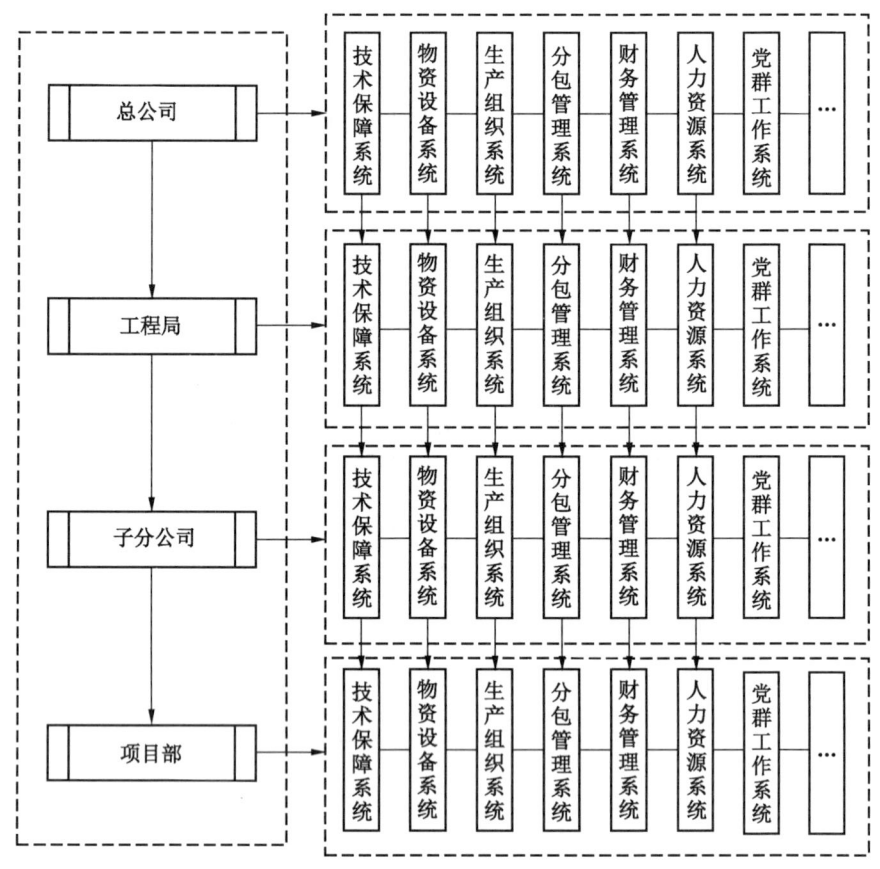

图 1-2　矩阵型组织层级职能分工

尽管近年来建筑业在大力发展机械化、自动化、信息化和智能化，但是劳动力成本依然占比约 30%~40%。可以说，劳动力依然无法被技术取代，建筑业依然属于劳动密集型产业。准确来讲，随着建筑工业化进程的加快，大量的体力劳动被机械代替，现场施工作业人员需求呈减少趋势，劳动力在建筑业正由主导地位向非主导地位过渡。

## 六、管理环境多变

由于建筑业产品的固定性和生产的流动性，建筑企业管理的可变因素很多,尤其突出的是自然环境(包括地形、地质、水文和气候等)和社会环境(包括市场竞争、劳动力供应、物资供应、运输条件和民风民俗等)的常态变化。

例如,在大城市承包施工,组织分包、劳务、材料和运输等比较方便,而在偏远地区或新开发地区就有诸多不便。又如,承包国外工程,则环境更为复杂、特殊,更加不可预见、不确定。

总体来说,建筑企业生产经营的可预见性和可控性比较差,风险较大,管理环境复杂多变,安全风险挑战极大。

## 第二节 企业安全管理演变历程

广义上,企业安全管理是在人类生产实践中产生的,并随着生产技术水平和管理水平的发展,尤其是安全科学技术和管理学的发展而不断发展。狭义上,企业安全管理是组织实施企业安全管理理念、计划、组织、协调、控制及提升等职能的活动,又是保证生产处于最佳安全状态的根本手段。

### 一、企业安全管理的历史发展

企业安全管理是指以国家的法律、规定和技术标准为依据,采取各种手段,对企业生产的安全状况,实施有效管控的一切活动。企业安全管理是企业生产管理的重要组成部分,是一门综合性系统科学。企业安全管理是一种动态管理,是对生产实践中一切人、物、环境的状态管控。

企业安全管理的发展伴随着人类认识自然、改造自然的过程,随着生产力的发展和科学技术的进步,不断发展和演变,按照历史的演变进程大致可以分为以下三个发展阶段。

**1. 萌芽性阶段**

工业发展之前,生产力发展比较落后,企业的安全管理意识淡薄,甚至没有安全管理意识,企业安全管理仍处于萌芽状态。在国外,公元前27世纪,古埃及组织10万人历时20年建造金字塔,如此庞大的工程在建造过程中必然需要安全管理、质量管理与过程把控,哪怕是最简单粗暴、最原始的管理。公元12世纪,英国颁布了《防火法令》,17世纪颁布了《人身保护法》。在我国,公元前8世纪,《周易》一书中就记载着"水火相济"的安全道理。自秦朝开始兴修水利以来,我国历朝历代几乎都设有专门的管理机构,北宋开始设立较为严密的消防管理机构。

**2. 有序性阶段**

随着生产力的进步,机械化水平不断提高,企业在缺乏安全管理的情况下,生产安全事故频发。为了减少生产安全事故,使生产力得到快速发展,各国政府纷纷开始研究劳动安全卫生问题,设立安全管理机构,并出台安全生产管理政策,强制企业加强安全生产管理工作,企业安全管理发展开始进入有序性阶段。18世纪中叶,工业革命带来大规模的机械化生产,生产力显著提高。伴随着超强劳动和恶劣的工作环境,工人的生命健康和安全受到机械伤害的严重威胁,伤亡事故和职业病不断涌现。一些学者开始研究劳动安全问题,企业安全管理的内容和范畴有了极大发展。20世纪初,现代工业迅速崛起并飞速发展,重大生产安全事故和环境污染不断发生,造成大量人员伤亡和财产损失,这迫使企业不得不设置专职安全管理人员,并对工人进行安全教育。20世纪30—50年代,许多国家开始设立安全管理机构,颁布相应的劳动安全卫生法律法规,逐步形成了现代安全管理的雏形。

**3. 系统性阶段**

随着经济的快速发展,人们生活水平不断提高,工人们不仅要有工作机会,还对安全与健康的工作环境提出了更高的需求。一些国家开始逐渐完善安全生产法律法规体系建设,加强了企业安全管理的制度建设和文化建设,由此产生了一些安全管理理论,以系统安全理论为核心的现代安全管理理念、理论、方法和模式基本形成,安全管理进入系统性阶段。20世纪末,随着互联网技术的飞跃发展,机械化、信息化和智能化在安全生产实践中得到越来越广泛的应用,人们对安全生产的认知也发生了很大的变化,安全成本、环境成本越发受到企业和行业的重视,"以人为本""系统治理""全员参与""依法治理"等安全管理理念逐渐被企业管理者所接受。现代安全管理理论、方法和模式以及相应的法律法规更加成熟、更加系统。

## 二、企业安全管理模式的历史演变

考察企业安全管理模式的演变轨迹,对于了解企业安全管理的发展过程,把握不同管理模式的优缺点,厘清企业安全管理模式发展趋势和规律,做好事故防治,推动企业可持续发展具有重要的现实意义。不同时期出现的企业安全管理模式,理论上可以表现为以下三个阶段。

**1. 经验化安全管理模式阶段**

该阶段以事故管理模式和经验管理模式为主,其中:事故管理模式一般通过吸取过去发生事故的教训来避免同类事故的再次发生;经验管理模式则注重个人经验,并凭此开展安全生产和安全管理。该阶段的安全风险控制集中于事故管理,并不对风险本身作出分类划分,风险控制措施以个体防护为主。

**2. 制度化安全管理模式阶段**

制度化安全管理的实质在于以科学确定的制度规范作为组织协作行为的基本机制,主要依靠外在于个人的、科学合理的理性权威实行管理。制度化安全管理模式阶段是企业成长必须经历的一个阶段,是企业实现法治的具体表现。这一阶段的企业安全管理以制度管理为主,其中可以分为两个阶段:

(1) 对象管理模式阶段。对象管理模式是以"人""机""管"为中心的管理模式。"以人为中心"的管理模式将对人的管理改变人的不安全行为作为工作重点开展安全管理工作。"以机械设备为中心"的管理模式则注重设备本身的安全状态,将控制、预防设备的不安全状态作为安全管理工作的重心。"以管理为中心"的管理模式将对作业过程中的管理缺陷进行完善作为管理工作的核心。

(2) 过程管理模式阶段。这一模式在"人""机""管"的基础上增加了对"环(环境)"的风险分类和管控,其中以"0123"管理模式和 NOSA(National Occupational Safety Association)管理模式为代表。"0123"管理模式是以实现零事故为目标,以"一把手"负责制的安全生产责任制为保证,以标准化作业、安全标准化班组建设为基础,以全员教育、全面管理、全线预防为对策的管理模式。NOSA 管理模式是将安全、健康、环保三个方面的风险管理理论科学纳入安全管理单元和要素中,并对每一单元进行风险管理,再评选出管理水平所对应等级的管理模式。

**3. 系统化安全管理模式阶段**

系统化安全管理模式以 HSE(Health,Safety and Environment Management)

模式和 OSHMS（Occupational Safety and Health Management System）模式为代表，是与安全科学发展的综合系统论相对应的科学模式。其中 HSE 模式运用系统分析方法将企业经营活动的全过程进行全方位、系统化的风险分析，确定企业经营活动可能发生的危害和在健康、安全、环境等方面产生的后果，再辅以系统化的预防管理机制并采取有效的防范手段和控制措施消除各类事故隐患。OSHMS 模式通过帮助企业建立具有自我约束能力的管理体系，以通过系统化的预防管理机制推动企业进入自我约束阶段，最大限度地减少各种工伤事故和职业疾病隐患，从而减少事故发生率。以上两类企业安全管理模式能够对企业经营活动的全过程进行全方位、系统化的风险控制，将风险根据是否可以接受进行分类，并通过建立风险优先控制顺序，结合实际针对性地完成管控。

从不同企业安全管理模式的发展演变来看，企业安全管理对风险的控制经历了一个从不安全到局部安全再到过程安全，最终实现系统安全的发展趋势。这个趋势体现了企业安全管理从无到有、从点到线再发展成全面系统性的完善状态，也揭示了未来的企业安全管理必将使用全面、系统的观点，建立起以预防为主的，标准化、规范化的思想体系，形成一套科学、规范、高效的企业安全管理模式。

## 第三节  企业安全管理面临形势

近年来，全国建筑行业安全生产形势虽然保持了稳中向好的基本态势，实现了事故总量和伤亡人数双下降，但是生产安全事故发生还有小幅度波动反弹，"黑天鹅"事件还时有发生，安全稳定性和管理可控度不高。总体来说，建筑行业安全生产还处于爬坡过坎期。

建筑行业风险还未得到全面有效防控，疫情防控、污染防治、新基建等领域新情况、新风险又不断涌现，重大事故时有发生。特别是安全发展理念还未筑牢、大安全生产格局还未形成、安全生产体系还未完善、安全生产各要素系统还未形成合力、安全管理运行机制还未厘清、全员安全责任还未压实等本质性、瓶颈性问题还未得到根本性解决。可以说，建筑企业的本质安全管理水平还不高，面临的安全形势依然十分复杂和严峻。

第一章　企业安全管理形势与现实困局

## 一、法制监管形势

国家层面，加大了相关安全生产立法和修订工作，相继出台了约15部涉及安全生产的法律、27部涉及安全生产的行政法规、80多部涉及安全生产的部门规章；地方层面，31个省（自治区、直辖市）全部制定了安全生产地方性法规。

建筑领域安全生产关系到国家和人民群众生命财产安全，关系到人民群众的切身利益，甚至关系到社会稳定的大局。但由于建筑施工生产具有一次性、复杂性、劳动力密集、露天作业多、受地质水文条件限制等特点，使得建筑领域生产安全事故频发。近年来，国家十分重视建筑业的安全生产，先后颁布了《安全生产法》《生产安全事故应急条例》《建设工程安全生产管理条例》等法律法规，加大了对建筑施工安全的监管力度和处罚力度。尤其是2021年9月1日新修订的《安全生产法》，有力推动了我国安全生产工作的法治化发展，为安全生产工作提供了强有力的法律武器。《安全生产法》对生产经营单位及从业人员的安全生产违法行为设定了明确、具体、严厉的法律责任，充分利用刑事、行政和民事三大责任的综合功能，填补了法律责任追究的空白。另外，对负有安全生产监督管理职责的部门及其人员也设定了相应的法律责任。

## 二、安全生产监管形势

随着《国家监察法》和《安全生产法》的修订颁布，我国构建了综合监管与行业监管相结合、国家监察与地方监管相结合、政府监督与其他监督相结合的大监管格局。全国基本形成"纵向到底，横向到边"的安全生产监督管理体系。

安全生产关系到各领域生产经营单位和社会的各个方面，仅仅依靠政府和相关部门的监管是远远不够的，还要充分调动和发挥社会各方面的积极性，建立常态化、群防群治的监管机制。因此，我国的安全生产监管是广义的，既有政府及相关部门的监管，也有社会力量的监督。这主要体现在八个方面：①县级以上地方人民政府的监管；②负有安全生产监督管理职责的部门的监管；③监察机关的监督；④社会公众的监督；⑤基层组织的监督；⑥新闻媒体的监督；⑦人民检察院的监督；⑧诚信机制的监督。

另外，各级政府对安全执法和信息披露越发透明，行政处罚越发严厉，打击安全生产领域违法行为的力度前所未有，主要表现在三个方面：

（1）罚款金额更高。事故罚款提高至30万元~1亿元；对单位主要负责人的事故罚款数额提高至年收入的40%~100%；对特别重大事故的罚款，最高可以达到1亿元。

（2）处罚方式更严。违法行为一经发现，即责令整改并处罚款，拒不整改的，责令停产停业、整改整顿，并且可以按日连续计罚。

（3）惩戒力度更大。采取联合惩戒方式，最严重的要实施行业或者职业禁入等联合惩戒措施。

### 三、建筑业市场与竞争形势

**1. 市场形势**

日益增长的企业外部市场竞争压力、政府及行业主管部门监管压力、社会发展需求与企业生存与发展的内驱能力不足之间的矛盾和不适应，成为当下建筑施工领域的主要矛盾。表现在安全生产上，就是项目现场事故屡有发生，企业因为生产安全事故而消亡的情况也时有发生，严重影响了企业的发展。这就倒逼政府、企业和全社会把安全生产工作的重视程度提升到前所未有的高度。因此重新审视、认知当前的行业和企业自身面临的安全风险形势十分必要。

目前，建筑行业在项目管理模式、劳务资源、物资设备、工期进度等约束安全生产的要素中存在的矛盾依然未得到根本解决。

（1）分包乱象突出。市场化的承包、专业分包、采购、租赁等模式产生了"以包代管、包而不管、以租代管，甚至放任不管"等乱象。

（2）用工需求不足。建筑企业劳务作业人员具有高流动性，国内还未形成统一、有序、规范的农民工实名制管理体系。一线作业人员老龄化越发严重，由于现场适配劳动力越来越少；用工荒带来了新的用工供求不平衡关系，劳务分包企业对作业人员的约束力、管理力度急剧下滑，随之带来的作业层事故发生概率显著增加，作业层的安全形势越发严峻，许多企业也纷纷探索"自建班组"的用工形式。

（3）设备事故多发。施工现场移动式起重机械、商品砼泵送机械、塔吊、移动架桥机、盾构机、液压台车、液压爬模机、各种登高作业机械、各类运输机械等大量先进设备的应用，提高了施工效率，也在一定程度上实现了机械化减人、替人的作用，但机械设备的出厂验收、操作人员专业性、进场验收等问题还未得到有效解决，随之带来的新的机械设备伤害风险也急剧增加，各种机械设备类事故也层出不穷。

**2. 企业竞争形势**

在建筑企业竞争方面，建筑央企之间、央企和地方国企之间的竞争逐步升级。主要表现在以下方面：

（1）行业竞争向全面竞争转变。曾经专注行业发展的建筑央企纷纷实施"跨界经营"策略，寻求业务板块的"第二曲线"，逐步由行业竞争转变为全面竞争。

（2）央地企业竞争与合作。一些地方建筑国企实力雄厚，因此更多地方政府重组打造建筑国企平台，要求建筑央企与之联合投标或联合投资，以此保护地方建筑国企发展。

（3）垫资带资建设。地方政府借纳税、产值统计之名，限制外埠央企自由竞争，大量工程项目投资压力逐渐向建筑企业转移；或者采取垫资带资施工、降低结算支付比例、低价中标、建筑企业承担启动资金等方式，给工程项目安全生产埋下隐患。

（4）利润空间急剧压缩，安全投入先天性不足。竞争力头部建筑企业追寻规模与高质量发展，但大多数企业仍在生存线上苦苦挣扎，濒临倒闭或者破产的建筑企业也不在少数。利润空间急剧下滑，导致项目安全投入严重不足，安全生产事故频发，致使企业倒闭的情况也屡见不鲜。

## 四、企业安全管理内在需求

安全是人类最重要和最基础的生存需求，是人类与生俱来的追求。安全生产既是人民生命健康的基本保障，也是企业生存和发展的需求，更是社会和谐、稳定和发展的前提和条件。

**1. 生存需求**

生产安全是企业生存的基础，也是企业的生命线。安全生产关系到企业与员工的生命财产，关系到每位员工的切身利益和家庭幸福。一旦发生生产安全事故，就会给事故涉及的家庭带来沉重的打击，处理不当，还会造成严重的社会影响。企业发生生产安全事故，不仅扰乱了企业正常的生产秩序，严重的还要接受地方政府和行业监管单位的惩罚，有的甚至因为一次生产安全事故就导致企业倒闭、重组。

**2. 发展需求**

安全生产是企业自身发展的需求。企业若具有较好的劳动条件，且设备处于本质安全状态，劳动生产力本身能够得到保障，那么，在增强企业凝聚力和向心力的同时，也能激发劳动者的生产积极性，为企业创造更大的经济效益。较高的企业收入能够使职工有能力进行专业、技术等方面的再学习，职工不断提高自身素质，不断提高工作能力，投入企业生产过程中，便能够创造更多的企业财富，促进企业健康发展。可以说，企业的安全生产和效益在本质上是同向的、共赢的。

安全生产是企业发展的基础和前提条件；安全管理的实质是人的管理，它是实现企业发展的必要手段；企业发展必须坚持以人为本，它必须通过安全生产和安全管理才得以实现。因此，安全生产、安全管理和企业发展三者相互联系，不可分割，形成了一个可持续闭环体系，周而复始，相互促进。

## 第四节 企业安全管理现实困局

### 一、企业安全管理的错误思想观念

长期以来，受各种复杂因素的综合影响，在企业各层级管理人员中，不同程度地存在一定的安全生产理念偏差和错误认知，这些误区可能会导致生产安全事故的发生，给企业和员工带来不可估量的损失，较为典型的表现有以下六种。

**1. "生产安全事故不可避免论"**

在建筑企业中，很多人认为企业规模逐年扩大，每年完成几百亿甚至上千亿元产值，在面临人力资源受限、施工环境复杂、不可预见因素多的情况下，发生生产安全事故是难免的、是正常的。这种陈旧观念极其危险且广泛存在，是"找理由、寻开脱"的思想和表现，从本质上抹杀了管理者主观能动性在避免事故中的作用，忽视了各级管理人员努力防范风险背后的责任和担当，混淆和弱化了管理责任，甚至给未正确履职的责任人提供了"挡箭牌"，这将给企业安全生产管理带来长期的、深远的负面影响。

**2."安全是专职人员的事"**

有很大一部分人认为安全生产就是安全专职人员的事、就是安监部门的事，从而推卸本岗位、本系统的安全职责，严重违背《安全生产法》中"全员安全生产责任制和源头治理、系统治理"的法律要求，这是"不担当、不尽责"的思想和表现。究其原因，是未能深刻理解习近平总书记关于"必须坚定不移贯彻总体国家安全观"的深刻内涵；未能正确认识《安全生产法》中"三管三必须"的基本要求；未能充分理解安全管理就是要源头管治、系统施治，打断"风险演变成隐患，隐患演变成事故"的链条；未能认识到安全管理的重点在于对生产组织、技术管理、物资设备、分包管理、人力资源等生产过程的全要素、全环节、全过程管理。还有人认为安全生产就是隐患排查，没有用系统观念去破解安全管理中的难题，更没有用正确的理念和思路持续提高企业的本质安全管理水平，这些都将对企业安全发展造成阻碍。

**3."摆平思想，事后处理"**

有些人不愿在安全生产的源头治理上、过程控制上、风险预控上、隐患整治上多投入、下功夫，而是在事故发生后，花精力用经营手段去大事化小、去摆平，且在企业内部对上不如实报告，这是"不诚信、不诚实"的思想和表现，带偏了安全生产方向，损害了企业管理本质。究其根源，是"管理偷懒"的行为，对于安全生产是一项复杂的、艰辛的、需久久为功的管理工作，是需要深入现场与业务系统共同研究落实、既要动脑又需动手的辛勤劳动认识不足，以至于有些管理人员不愿付出艰辛却又想收获安全生产之果；是对安全生产所面临的"领导越来越重视、公众越来越关注、媒介越来越透明、监管越来越严格、违规成本越来越高昂"的新形势和新要求缺乏正确认识；未能将管理资源、管理精力、管理重心做到关口前移和全过程严管，给企业埋下巨大隐患甚至是长久祸根。

### 4. "口头重视、行为不重视"

很多人认为安全生产就是完成上级单位交办的工作，就是层层安排布置、按规定完成管理动作。在会议上学习了文件，实际上却没有切实可行的办法和举措，即使有措施也没有亲力亲为抓落实，造成"口头落实文件、会议落实文件"的现象，这些错误认知是"不负责、不勤政"的思想和表现，是典型的"形式主义"。实际工作中存在着"文件重视、实际忽视""表面重视、客观忽视""专职重视、系统忽视""出了事故重视、安全平稳忽视"等现象，平时安全思想淡化，对"生命至上、安全第一"的思想没有真正理解，当安全与生产、进度和效益发生冲突时，安全就让位于生产、进度和效益，机制执行不严、制度落实不力、责任避实就虚，安全发展成了空谈。重视安全生产应体现在行动上，领导班子成员是否亲力亲为，管理人员是否尽职尽责，作业人员是否遵规守纪，企业、项目的安全管理行为是否取得实效，这些才是重视安全生产的结果和表现。

### 5. "安全管理只罚不奖"

一部分人认为干好安全生产工作、不出生产安全事故是应该做到的，是各系统、各岗位正常履职的表现，是不应该奖励的，而出了问题、存在隐患就应该处罚。殊不知，安全管理也需要调动人的积极性、创造性、主观能动性和责任感，做得好的员工也需得到认可、得到奖励。在实践中，大部分项目在日常管理过程中存在"只罚款不奖励"的现象，甚至有些项目没有奖励的权限，即使想奖励也需要报上级单位层层批准，这种方式方法是"被动式、消极式"的思想和表现。其根本原因是管理者没有抓住以人为本的基本需要，依靠权力控制、强制命令和制度约束，造成管理武断、轻激励重约束、轻管理懒作为和只罚不奖的现象。长此以往会侵蚀员工的心态，导致员工和项目长期处于被否定的状态，容易产生消极心理，觉得干得再好都没有奖励，极大挫伤了项目人员安全生产的积极性和主动性，对管理行为和结果都会产生不良影响。安全管理的投入是一种成本，一些企业不愿意在安全管理上投入资金和精力，但实际上安全管理的投入也是一种投资，它能够减少事故的发生，提高企业的生产效率和管理水平。

### 6. "安全管理运气论、经验论"

有些人认为安全生产不是"高科技"，却没有认识到它是一门学科，是有规律可循的，具有复杂性和系统性；没有与时俱进更新安全生产观念和方法；没有根据形势和企业实际采取针对性管理举措，仅凭老观念、旧习惯开展工作，是"不学习、不进取"的思想和表现。究其原因，是未能充分认识到安全管理的内在规律和基本逻辑，更多的是凭感觉、凭经验开展安全管理工作，甚至在出现事故后，习惯于把原因归结于运气不好。

"扫帚不到，灰尘不会自己跑掉"。以上这些关于安全生产的理念偏差和错误认知有一定的普遍性和代表性，如果不运用先进的、正确的管理理念进行取代、更新和提升，将给企业的安全生产工作造成阻碍和制约。

## 二、企业安全管理突出问题

**1. 对企业安全管理本源认识不清**

当前，很多建筑企业把监督和管理混为一谈，认为在企业内部安全管理的责任主体系统是安全监督系统，以监督替代管理，不清楚企业安全管理的源头在哪里，不清楚企业安全管理的主体是谁，不清楚安全监督系统的本质属性是什么，最终导致事故反复发生。

（1）以安全监督替代管理。安全生产不受控或存在问题，企业管理者一抓就是安全监督系统，最后陷入安全监督系统"监督变牵头、牵头变主抓、主抓变负责"的怪圈，甚至安全监督系统自己也把监督和管理混为一谈，冲到一线大包大揽，甚至越俎代庖，代替主责业务系统履行主体职责，未认清自身的本质属性。

（2）不清楚企业安全管理的发力点。有很多企业管理者沿袭长期以来的管理方式方法和传统的惯性思维，不清楚安全生产是一项系统工程，企业安全管理的责任主体系统是生产组织、施工技术、物资设备、分包管理等系统，企业安全管理提升的发力点也主要是在这些系统上。安全监督系统的主要属性是监督，如果生产组织、施工技术、物资设备、分包管理等系统运行都没有问题，理论上也就不会发生生产安全事故。

**2. 职能定位不清晰**

存在的突出问题体现在企业安全管理职能定位过低、缺乏明确的安全职责分工、层级职能定位缺乏科学性和有效性。

（1）企业安全管理职能定位过低。一些大型建筑企业在安全管理层级中，往往只是把安全生产当作一个支持性职能，没有将其与主营业务等同看待。在进行企业决策和重大变革时，安全管理职能常常被忽视。

（2）缺乏明确的安全职责分工。反映在安全管理职能定位方面，一些大型建筑企业内部缺乏安全生产协调和合作的机制，不同部门之间缺乏相互的信息共享和沟通，安全职责边界模糊，这些往往是导致事故发生的诱因。

（3）层级职能定位缺乏科学性和有效性。一些大型建筑企业的安全管理虽然严格执行法规和规章制度，但是缺乏对实际情况的深刻了解和分析，企业的安全管理层级难以达到实质上的职能定位。

**3. 机构、岗位与职责不匹配**

在这一方面，大型建筑企业存在三个方面的突出问题。

（1）企业安全管理机构不健全。有的企业没有区分安全监督部门和生产部门，有的甚至取消了安全管理机构，没有配备专职安全管理人员。

（2）安全责任不明确。在大型建筑企业中，很多时候由于层级过多，导致安全责任不明确。该企业很可能拥有多个管理层级，从而造成责任归属不清晰的情况。当事故发生时，在责任划分上容易出现相互推诿的情形。

（3）人岗不匹配。很多大型建筑企业安全生产问题的根源在于人员和岗位安排不匹配。一方面，企业没有对不同的岗位需求和人员进行细化分析，没有将合适的人员理性合理地安排到合适的岗位。另一方面，尤其是在项目层面，项目负责人经常根据个人的喜好或者任务，随意安排人员和岗位。比如经常安排技术人员或者安全管理人员负责征地拆迁、对外协调等，让他们把应该主责的技术或者安全管理工作抛在一边，由此导致事故发生的案例也屡见不鲜。

**4. 专业人才队伍建设不完善**

安全管理人员在控制和管理安全风险方面发挥着极为重要的作用。然而，在运作过程中，建筑企业在安全管理人员配置方面存在着专业素养不足、人员数量较少、人员管理不规范等问题。

（1）建筑企业安全管理人员专业素养不足。一般来说安全管理人员应当具有强烈的责任感和足够的专业知识，能够针对风险场所把握事故发生的可能性。但现实中，有些安全管理人员对于其职责没有明确的了解，也没有足够的管理素养，无法判断风险场所的危险程度和施工现场中存在的风险。

（2）建筑企业安全管理人员数量较少。一些建筑企业在聘用安全管理人员时，存在着严重的薪酬限制等问题，难以吸引并留住高素质、专业化的人才，致使企业缺乏人力资源来实施管理和控制风险。因此合理配置安全管理人员数量对于保证工程安全至关重要，为了减少工程质量问题及事故所造成的经济损失，企业更有必要增加在现场负责安全管理的人员数量。

（3）建筑企业在对安全管理人员的管理方面缺乏规范化。一些建筑企业制度构建不完善，对安全管理人员的薪资待遇和职位授权规定不够明朗，导致安全管理人员不愿意承担责任，管理效果不佳。规范的建筑企业应当具有健全的管理制度办法、明确的安全管理人员管理流程及清晰的安全岗位设置，这样才可以彻底改善企业安全管理领域的形势。

**5. 制度设计与执行不到位**

在企业安全管理制度方面，建筑企业存在安全规章制度不完善、注重结果忽视过程、制度落实缺乏支撑、预防措施不够全面的问题，需要加以解决和改进。

（1）安全规章制度不完善。建筑企业在制定安全规章制度方面，目前仍存在不系统、规定不全、照抄照搬等问题，导致规章制度的细化程度不足，当工作落实到基层时实施效果不佳，这对企业安全管理有一定的影响。

（2）注重结果忽视过程。建筑企业在安全管理中往往追求事故发生率的下降、"唯结果论"，忽略了过程中对微小的安全漏洞和细节问题的重视，便会留下大量的安全隐患。此时，如果再将注意力集中于处罚事故相关人，而不是系统分析事故出现的原因，进而在过程中采取预防措施，安全管理就不可能达到预期效果。

（3）制度落实缺乏支撑。大型建筑企业在安全管理方面大多依靠部门和员工的自觉，在开展各类检查时也集中在安全管理职责和制度落实情况上，但是在制度执行过程中出现的实际问题并没有得到重视和处理。上述情况对制度实际落实或者推动改变现有的安全管理环境起不到帮助的作用。

（4）预防措施不够全面。建筑企业在安全管理过程中的预防措施，往往依赖于一些简单而浅显的措施，如采取日、周、月、季检的形式等。实际工作中，很少能够采取更加全面和系统的安全预防措施，以发挥业务部门查漏补缺的作用，使得基层安全管理工作出现漏洞和盲区。

**6. 企业安全管理系统运行不畅**

在企业安全管理运行机制方面，大型建筑企业安全生产存在的突出问题包括以下三个方面：

（1）企业各系统上下贯通不畅。大型建筑企业有一个非常明显的特点就是管理层级较多，有的甚至达4~5个层级，这就必然会带来运行效率不高的问题。从上级部门研究制定制度和文件，到下级部门组织学习贯彻，周期较为漫长。总公司下达的文件，到达项目部层面，这个过程不仅时间长，而且传递信息的效果逐渐衰减，有时甚至出现基层根本不清楚上级制度文件的情况，仅凭个人经验管理的现象比比皆是。

（2）系统之间横向联动缺失。在大型建筑企业中，针对不同的施工标段或部门，常常会设置不同的安全管理部门或安全管理人员，各自独立开展工作。这使得安全管理在各个部门之间各自为政，信息互通不畅，甚至形成系统壁垒，难以形成高效协同的安全管理运行机制。

（3）企业安全管理和企业外部安全体系内外互动不足。一些企业存在项目安全管理的孤立性和被动性。这常常体现在把项目安全管理当作是企业内部的事，与地方政府、行业主管单位、产权单位等沟通较少，缺少互动，甚至不清楚当地的安全生产法规、政策及规定，盲目地在自己的施工场地内进行所谓的安全管理，发生事故后，也缺乏对执法部门的响应、配合。

**7. 企业安全管理考核评价执行不力**

企业安全管理考核是检验安全生产制度执行效果的重要指标，但目前存在着重视程度不够、考核指标设置未结合实际、评价方式单一和监管部门的监管缺失问题，影响着企业的安全生产。

（1）对企业安全管理考核的重视程度不够。一些企业在进行考核评价时，仅仅只是简单地完成考核指标的填报和报送，缺乏对安全管理考核实际的重视和认识。同时对于造成考核不佳的直接当事人，也未给予适宜的惩罚措施，未能形成真正有效发现问题和改进安全管理工作的环境。

（2）考核指标设置未结合实际。有些企业在制定考核指标时过于注重形式规定，而忽略实际效果。有些指标过于主观、模糊，无法反映企业安全管理的真实情况，更无法了解到施工现场的真正状况。因此，企业要提高考核指标的科学性、实际性和权威性，确保指标能够准确反映企业的安全生产客观情况。

（3）评价方式单一。大型建筑企业在考核评价方面，仅仅采用文书报告和检查考核的方式来衡量企业的安全管理工作。这种方式容易降低企业对安全管理的注意力和积极性，使得安全管理人员精力集中于内业而非现场安全生产。因此，大型建筑企业应该采用多种方式进行考核评价，包括现场检查、随机抽查等，以便更全面地评估企业的安全管理工作。

### 三、企业安全管理困惑

建筑企业安全管理存在的问题究竟是什么原因造成的？为什么那么多的方案和交底不能有效防控风险？为什么那么多的管理部门不能发挥职能作用？为什么一波接一波的检查不能杜绝隐患存在？为什么一个接一个的文件不能压实管理责任？为什么一个接一个的会议部署不能层层贯彻落实？为什么带班生产和跟班作业仍不能消除"三违"？为什么惯性事故总是在刻制翻版、重复发生？太多的"为什么"引发我们深深地思考：究竟什么样的管理思维、管理方法、管理手段才是加强建筑企业安全管理的有效抓手，才能有效地提升安全管理水平？

**1. 安全管理的源头究竟在哪里**

一旦发生了生产安全事故，很少有企业管理者会先从源头上思考问题属于哪个专业领域、哪个业务系统的管理范围，是哪些方面管理不到位导致的事故。他们想当然地认为是安监部门监督检查不到位，而对负有安全监管责任的业务系统管理部门有没有开展监督检查或是否监督不到位缺少问询。责任追究极少会首先从管理源头找原因，找准事故主因属于哪个管理部门，那么，安全管理的源头究竟在哪里？

**2. 安全文件该由哪个部门来落实**

企业易产生望文生义、想当然的倾向。看到写有"安"字的文号或是文件标题，就想当然地认为是企业安监部门的工作，而忽视了这个"安"是企业大安全格局的"安"，是企业安全管理体系的"安"，是负有安全管理职责的所有部门的"安"。安全生产是依附于企业技术管理、生产管理、物资设备管理、分包管理等系统管理之上的，在具体的业务工作中，由于缺乏对业务系统安全的认识，使文件批转没有按业务管理范围来批分、批示和落实。

**3. "三管三必须"在企业如何推动**

绝大多数企业布置安全工作似乎只考虑安监部门，部署工作都是安监部门应如何如何，将"管行业必须管安全、管业务必须管安全、管生产经营必须管安全"抛之脑后。一些承担安全生产主责的业务部门主观上错误认为有了专职安监部门，其安全生产的责任就减轻或不再承担安全生产责任。《安全生产法》中的"三管三必须"如何才能真正在企业落地？

**4. 安全生产责任制为什么难以落实**

落实企业安全生产主体责任，建立全员安全生产责任制和全员安全生产责任清单，本是落实"一岗双责、岗岗有责"的有力举措，可是相当多的部门觉得安全与本部门和岗位无关，企业的安全生产主体责任究竟包括哪些？该由谁来实施？又该由哪些部门落实？这种对安全生产麻木不仁的态度如何转变？

**5. 管理部门回避责任、工作躲位怎么办**

保证企业安全生产靠的是安全生产管理体系，但体系中的一些管理系统工作错位、刻意躲位，不主动担当作为，甚至存在"强按牛头不喝水"的现象，作为监督部门对此却束手无策，企业安全生产管理体系如何才能畅通运行？安全生产需要实施标本兼治，监督部门通过监督检查治的是标，但监督代替不了管理，怎样有效推动管理部门加强源头管理治本？

**6. 安全监督部门的定位如何才能专职专用**

安全监督部门的本职是对施工生产过程中的安全管理工作执行情况开展监督，法律也要求安全监督应设专职部门。但在建筑企业实际管理过程中，大多数安全监督部门却被企业领导赋予了生态环保、职业健康、环境卫生及防疫等偏离安全生产的监督职能，而这些工作虽称之为监督，却又未明确相关的管理部门。如何让安全监督工作回归本位，需要政府行业主管部门和企业领导者深入思考。

**7. "双重预防机制"如何在企业有效施行**

《安全生产法》提出要构建安全风险分级管控和隐患排查治理双重预防工作机制，构筑保证安全生产的两道"防火墙"，但这些工作如果企业主要负责人不推动，相关管理部门不响应，安全监督部门又如何推动双重预防机制落地？

**8. 安全生产工作如何构建系统化思维**

实现企业高质量发展和安全发展，需要实现企业本质安全，本质安全的构建，必然需要企业业务管理部门从源头上管治发力，但应如何促使主责部门主动发力？安全生产是一项系统工程，如何推动业务部门坚持系统观念、用系统思维推进安全生产工作？

## 四、项目安全管理困境

在整个建筑领域特别是建设项目供给方面，总体呈现"传统热点减退""新兴领域逐步培育"等特点。国家出台一系列政策措施调整基建，如交通基建从主骨架建设转向网络化、微循环建设；新建高铁平行线路要严格评价既有高铁能力利用率；严禁修建500米以上超高层建筑；严控首轮城市轨道交通建设规划申请、严控已有地铁城市新一轮建设规划审批等。中西部欠发达地区、县域和乡村建设逐步成为热点，但受制于地方财力和配套政策等方面的影响，项目商业模式有待探索和培育。在这种形势下，建筑领域的安全管理主要面临以下困境：

（1）项目工程规模、施工难度和管理难度越来越大。

（2）工程项目涵盖的专业门类、管理门类越来越多。

（3）各级文件、会议、检查越来越多。

（4）安全观念、安全投入、人员待遇未能提高，基本未变。

（5）安全管理人员少、安全管理方法少、机械化装备少。

（6）劳务用工矛盾突出，成熟、合格、自控的劳务分包企业少。

（7）违章指挥、违章作业、违反劳动纪律的问题层出不穷。

（8）合法性、标准化、精细化、信息化管理要求越来越高。

（9）企业管理分工越来越细，但建筑企业的安全、质量、环境、职业健康、卫生等多方面管理却难以追溯管理的源头部门，责任制不具体，领导也不愿意明确，笼统地全部强压给安全监督部门。

（10）对事故的追责问责力度越来越大。

这些现实问题和管理困惑对整个工程领域的安全管理提出了新的挑战和要求，同时也要求企业要主动适应，甚至能驾驭这种变化趋势。

企业在面临内外严峻复杂的形势和生存发展的内在需求下,其生产安全工作要与时俱进,要更新安全管理理念,转变工作方式,利用系统思维、法治方式和科学方法,优化制度机制建设,夯实人才队伍基础,强化考核评价,培育安全文化,建立完善的企业安全管理体系,真正实现企业的本质安全,助推企业高质量发展。

# 第二章
## 企业安全管理系统观

"人法地，地法天，天法道，道法自然。"

——《道德经》

## 第二章 企业安全管理系统观

所谓系统观是指以系统的观点认识客观世界，揭示客观世界物质系统的整体性、关联性、层次性、开放性、动态性等。系统观也是一种系统思维方式。在复杂、非线性、不确定的环境下，很难用简单、线性、确定的思维方式来解决企业安全管理的诸多问题。对于企业安全管理来说，系统化管理为解决复杂、非线性、不确定的安全管理难题提供了一种更有效、更确定的途径。

安全管理系统观是在安全管理方面评价对与错或者好与坏的最基本的思想和价值观，对于企业来说，它不仅是企业安全文化管理的核心要素，更是企业安全管理体系的导引、目标和方向。

实际上，安全管理系统观的本质含义就在于诠释了"安全"的内涵。内涵之一：没有绝对的安全，安全是相对的。"绝对安全"不过是一种理想状态，因为经济、技术的先进性只能是逐步发展的，不能跨越历史条件。但完全有可能无限趋近"绝对安全"，这也是企业想要追求的"本质安全"。内涵之二：所谓安全就是通过把风险降低到可容许（或可接受）的程度来达到安全。可以说，"可容许风险"也是相对的，它既要相对国家法律法规、社会价值取向的约束，又要相对"对象"的要求的满足，是一种变化中的、动态的平衡，因为国家法律法规、社会条件会变，人的认识水平和需求也在变。这种平衡的最佳平衡点，就是企业寻求的当下最佳安全状态、合乎"理"的状态。内涵之三：安全生产是一项系统性工程。要用系统思维认知安全生产的本源；用系统方法构建安全生产管理体系；用系统高效运行来实现企业本质安全。

### 第一节 系统管理的基础理论

#### 一、认识系统

在日常生活中，系统一词被广泛应用，系统的概念是在人们长期实践中形成的，最初被应用于自然界，如生态系统、气候系统、生物系统等。后来，人们将其应用到社会、经济和管理领域，如组织系统、市场系统、管理系统等。那到底什么是系统？事实上，长期以来，关于系统的定义和特性的描述并不规范和统一。

**1. 系统的概念**

综合各方面的研究，在本书中，将系统定义为：系统是由若干个相互作用相互联系的要素组成的有机整体。在这个整体中，组成要素以一定的方式被组织在一起，相互之间产生了协调、配合，达到了整体的特定功能和目标。

举例：一家公司是一个系统，它的要素包括员工、领导、办公楼、部门等，它们通过公司的规章制度、教育培训、会议、员工交流等产生联系，而公司的目标是盈利、培养团队、创造价值等。同样，人体新陈代谢系统、一座森林、一家工厂、国家安全、一个家庭等，都是系统。植物是系统，动物也是系统，而生态系统是一个更大的系统，其中包含了许多植物和动物等这些子系统。

由此可见，系统无所不在，而且一个系统可以包含很多子系统，同时它也可以是其他更大系统的子系统。然而，万物皆系统吗？非也，没有任何内在联系或关系的随机组合不能称之为系统。

举例：随机掉落在地上的落叶，就其本身而言就不是一个系统，因为你可以再增添或者拿走一些叶子，它们仍旧是散落的叶子，它们之间没有确定的内在联系，也没有特定的功能和目标。同样，随机散落在路上的一堆沙子，就其本身来说就不是一个系统，它只是要素，因为要素之间没有什么稳定的内在联系，也没有特定的功能，你可以任意添加或取走一些沙子，而它仍旧只是路上的一堆沙子。

对于系统来说，如果要素发生了更换，系统就被改变了。例如，人的消化系统中的胃被切除掉了，消化功能也就产生了变化，那么它也不是原来那个消化系统了。当一家公司资金链断裂，使其内部各种业务停摆，导致企业破产，那么它就丧失了作为一个系统的存在，尽管它可能会被重组。可见，系统既有外在的整体性，又有一套内在机制来保障其整体性。

**2. 系统的三大基本要件**

由系统的定义可知，系统由要素、联系、功能三大基本要件构成。

1）要素

要素是构成系统的基本要件之一。构成系统的要素是相对容易被认知的，因为它们大多数都是有形的事物。例如，球队是由球员、教练、训练场等这些可见或易感知的要素构成的。但是，要素也可以是无形的共同认识和价值观。例如，对于一家建筑企业的企业文化来说，企业的安全文化就是该系统至关重要的因素之一。

2）联系

若干要素组成一个系统，它们之间必须有内在的联系，也就是说各要素之间要有联系：这种联系可能是物理联系，如家具上木板之间的螺丝钉，电动玩具中的电磁元件，汽车里的驱动齿轮等；也有可能是信息联系，如马路上的红绿灯信号，项目的收入和成本等。在企业管理中，很多系统要素是通过规章制度、碰头会、交班会、日常闲谈、信息化系统、接口业务往来等建立起来的联系。

3）功能

对于系统来说，系统由哪些要素构成，它们之间如何联系，取决于系统内在的功能或目标。一个成功的系统，应该能够实现个体目标和系统总目标的一致性，并不是偶然或者随机的。

**举例：** 一家公司有它的发展目标，它在设置组织机构时要考虑对应的职能部门，在招收新人时要考虑专业是否与之匹配，在制定制度时要围绕核心目标进行激励导向，在开会布置任务时要根据目标进行年、月、日分解。同样，城市的交通指挥系统，要考虑设置多少红绿灯，在哪里设置，什么时候需要交警辅助等问题，其目的还是为了城市交通更顺畅，人们出行更便利。

对于系统来说，要素、联系和功能，都是必不可少的，它们之间相互联系，相互作用，各司其职。构成系统的要素比较容易被发现或者认知，但一般来说，改变要素对系统的影响最小，除非改变某个要素会导致联系或者目标的改变。例如，在建筑企业中主要负责人"一把手"的更替，最容易改变系统功能或者联系。联系也是至关重要的，因为若改变了系统内外、系统之间和系统内上下层级之间的联系或关系，则通常会改变系统的行为。一般来说，系统中最不明显的就是它的功能，而这才是系统行为最为关键的因素，因为它决定了目标方向，否则很容易"南辕北辙"。

所以，如果想认知或者构建一个系统，并进一步提升系统或者影响系统行为，就必须从研究要素转向探究系统内在的联系和功能。

**3. 系统如何变化**

搞清楚了系统的概念、系统的三大基本要件，那么系统是如何变化的呢？

系统为了实现自身的正常运行和功能，需要以一定的方式运行，应具有传达能量、物质和信息的特征。系统的变化由存量、输入、处理过程、输出、反馈回路、边界等很多个调节关系决定，不是单因单果，而是多因多果。

存量：系统中当前可用的资源数量。

输入：绝大多数系统需要来自外部的各种输入，可能包括政策、能量、信息、物质等。

处理过程：对系统输入的政策、能量、信息、物质等进行加工、分析和处理，以实现其目标或功能。

输出：同输入一样，绝大多数系统都有输出。

反馈回路：包括增强回路和调节回路，实际上就是系统中各种要素之间的相互联系，是构成系统的信息要件，是用来调节系统的反馈机制。

边界：所谓的边界，只是人为的区分，系统内外、系统之间和系统内上下层级之间总应有一个边界，同时相互作用、相互影响。

举例：水库里装的水量，叫作存量；水库有入水口和出水口，流入和流出水库的水量，叫作流量（指的是资源的输入和输出）；随着时间流逝，存量会变化，这取决于流入量和流出量的大小。显而易见，如果想提高系统的存量，有两种办法：①增加流入量；②减少流出量。这两种方法是等效的。当水库的水位上升到超过预警值，这就形成了一个反馈回路，经过过程的信息处理、预警机制、响应机制等系列动作，采用泄洪的方式使水位回到安全水位。这是比较简单的动态系统模型，如图2-1所示。

## 第二章　企业安全管理系统观

**存量**
- 流入量大小
- 流出量大小

**处理过程**
- 预警响应

**反馈回路**
- 水位预警

流入口(输入)

边界

流出口(输出)

图 2-1　动态系统模型

反馈回路包括增强回路和调节回路，这两个回路如何发挥作用，通过一个例子进行解答。比如，一家公司通过加大营销投入，使品牌知名度增加、市场份额扩大，进入了一个增强回路，但是，在销量攀升的同时，分销渠道的管理没跟上，导致价格混乱，经销商无序竞争，影响了市场口碑，这就是一个调节回路。

对于建筑企业，其规模越做越大，市场占有率越来越高，经营范围不断增加，进入了一个增强回路，但是，在市场份额不断上升的同时，项目管理力量被摊薄、人员配备不足，生产安全事故时有发生，影响了企业信誉和生命力，这就是一个调节回路。领导者的主要职责，就是要让公司建立起至少一个增强回路，然后识别公司在各个发展时期，形成调节回路的主要限制因素有哪些（包括生产安全事故），着手去解决这些限制因素，打破"增长极限"。

还有一种情况正好相反，就是希望系统保持稳定，但系统的调节回路失效了，系统被一个莫名其妙的增强回路所驱动，越来越失控。比如，俗话说的"千里之堤，毁于蚁穴""一针不补，十针难缝"，以及著名的"破窗效应"，都是说的这个道理。

1) 系统边界的划分对系统变化的影响

每个系统都存在于更大的系统之中，没有一个系统可以独立于其他事物而存在，因此，每个系统都有相对的边界。系统最大的复杂性往往出现在它的边界处。恰恰是这些边界上的混乱和无序，成为多样性和创造力的源泉。边界的选择取决于想要了解的信息、出发点和想要实现的功能。

**举例**：新冠疫情期间，政府各级相关机构经常需要流调判断密接、次密接者，如果存在边界划定不当，或者决策失误、管理跟不上等情形，疫情就很容易扩散。如果采用"一刀切"式的大范围划定风险区的方式进行管理，势必又会带来其他连锁反应。

对于企业管理系统，大系统如何对子系统进行划分，边界如何界定，都会影响企业管理系统的功能，绝大多数管理者会延续以往的边界模式，这种做法逐渐变得根深蒂固，甚至理所当然。很多职场斗争都与边界有关，例如系统之间的壁垒、制度空转、职责划分不清楚等。

当不确定边界应该如何划分时，首先，可以使用试探法，即采取一种可能的边界，分析其效果，然后根据结果来调整边界。这种方法需要耐心和实践。其次，可以反复调研、统计信息、研究以往问题、研判分析形势，增强对系统各因素和变量的了解，从而更好地确定边界。

2）系统反馈延迟对系统变化的影响

在工作和生活中，常常提到一个词，叫"及时反馈"。通常认为，有了及时反馈，才能够形成一个工作闭环、学习闭环、修正闭环。但是系统变化的一个关键特性，恰恰在于它很少会给出及时反馈，经常是延迟的。对系统施加一个影响，它的结果往往会在很久以后才会逐渐显现。

**举例**：在居家生活中，家里的淋浴喷头和热水器之间隔得很远，小张在使用淋浴喷头时，打开热水方向的水龙头，等待了一会儿，水龙头没出热水，他以为是水龙头没扳到位，于是继续往热水方向扳水龙头，这时候，热水突然来了，把他烫了一下。他赶紧往冷水方向扳，没有用，他又继续扳，结果过了一会儿，水又太凉了。从这个例子可以看到，对于有反馈延迟的系统，调节回路很容易操作过头，矫枉过正，从而引起系统的反复震荡。而且，系统的反馈延迟越长，越难找到合适的平衡点。

工作中，可能经常会遇到这样一个问题，推行一项制度、推动一次改革或一次系统提升，为什么一段时间过去了，下级单位没有执行？基层单位甚至不知道、不清楚这个事情。从推行到理解宣贯、研究部署，再到制定配套政策、改变观念等，这一过程中往往系统存在严重的反馈延迟，因此，急于求成显然是不管用的，甚至还可能让问题变得更加严重。

如果不了解系统的反馈延迟特性，就很容易出现误判。因此，在面对反馈延迟时，应该怎么做？一是对环境信号的反应不要那么快，而应该慢一些，确认变化趋势是稳定的，再作决策，否则就很有可能反应过头。二是"吃两片阿司匹林，并等待"，知道药效会有延迟，所以要耐心等待，不必每隔五分钟就吃一次药。三是缩短反馈延迟时限，采取一定的机制多层级同步推动，例如，一个具有四个管理层级的企业，可以让总公司直接推动工程局、工程项目部的政策落地，带动子分公司同步实施，这样系统的反应就会越来越敏捷，也就不需要逐级系统进行缓冲。

**4. 系统基本特性**

1）整体性

整体性是系统的核心和灵魂。它首先把世界看成一个有机联系的整体，其次还注重整体与部分之间的关系。要素构成系统外在的整体性，同时要素之间的相互作用，保障了系统的内在整体性。对于理解系统的整体性来说，不仅需要理解其要素，还需要理解其内在的相互关系。比如，人从结构上是由头、胳膊、腿、手等器官组成，但如果把这些器官分开来看，就很难理解那是什么东西。正因为如此，整体不是各部分的简单叠加。

2）关联性

要素之间存在着相互作用的联系或关系，这是区别非系统的重要特征。例如，把一匹狼分成两半，它还能是狼吗？散落地上的石子，它们之间并无联系，就不能成为系统。

3）层次性

所谓层次就是指系统内或系统之间形成的等级序列关系。系统由若干要素组成，这些要素可以是单个的结构，也可以是一组结构组成的子系统。一般来说，系统可分为上、下层系统，或者分为母系统和子系统。例如，建筑企业的集团公司和下一层级的工程公司属于上、下层系统。这种系统层次必须具备有序性：一是系统层次之间形成纵向或者横向的相互关系，这些相互关系构成了系统的结构；二是系统的层次越高其功能就越高，高一层次常常具备低一层次所没有的功能；三是低层次系统是高层次系统发展的基础，而高层次系统又会带动低层次系统的发展；四是高层次系统必须服务低层次系统，最顶层次系统也必须服务最底层次系统。

4）开放性

从系统的实践性质和定义来看，系统不是封闭的，任何系统都具有开放性。开放系统通过持续地与外界环境交换物质和能量，从而维持其对外在环境的适应性，人的新陈代谢就是这样一个过程。但是，系统开放并不一定就有好的结果，系统开放的结果涉及环境干扰与内部发展的相互作用。例如，深基坑施工时受暴雨的冲刷导致基坑坍塌，这不仅有外部极端天气的影响，也有项目内部管理的原因。

5）动态性

系统的动态性就是从时间的维度来观察系统。开放性的系统不断与外界进行物质、能量和信息的交换，从而使系统不断动态发展。系统时刻都在发生变化和运动，没有真正的静态系统。系统的动态性建立在系统的开放性的基础之上，系统为了能够适应外界环境的干扰，需要不断地对系统的某些局部做些改造。因此，对任何系统都要进行适应环境过程的动态分析，分析系统原有的模式和变化趋势。

## 二、学会系统思考

### 1. 认知方式

人类从开始认知客观世界开始，就由于其思考方式的差异而产生了不同的认知结果，从而影响人对客观事物的判断，以及产生了行为的差异。人对客观世界的认知，我国古贤很早就有了这方面的研究和论述，其中"天道观"是人们都比较熟悉的。老子在《道德经》中有云："人法地，地法天，天法道，道法自然。"又云："道生一，一生二，二生三，三生万物。"《易经》里有述："天行健，君子以自强不息；地势坤，君子以厚德载物。"

五千年的中华文明及其传统文化孕育和体现着十分丰富的系统性认知。这种系统思想，既是世界观也是方法论，它注重事物内部排列组合的结构性，也注重部分与部分之间、部分与整体之间、整体与环境之间的关联性，同时也强调事物之间的相互影响、交缠的开放性。从很大程度上来说，系统性认知是我国传统思维方式的主流。

根据现代人思考认知问题的方式，可以总结如下：从客观世界中获取的文字、图像、语言、行为等信息流，经过记忆、逻辑推理、结构化、系统性等思考方式，而产生了点状、线状、树状、网状等认知模型，如图2-2所示。这就是我们认知客观事物的方式，其中记忆思维是最初级的思考方式，而系统性思考则是顶层的思考方式。

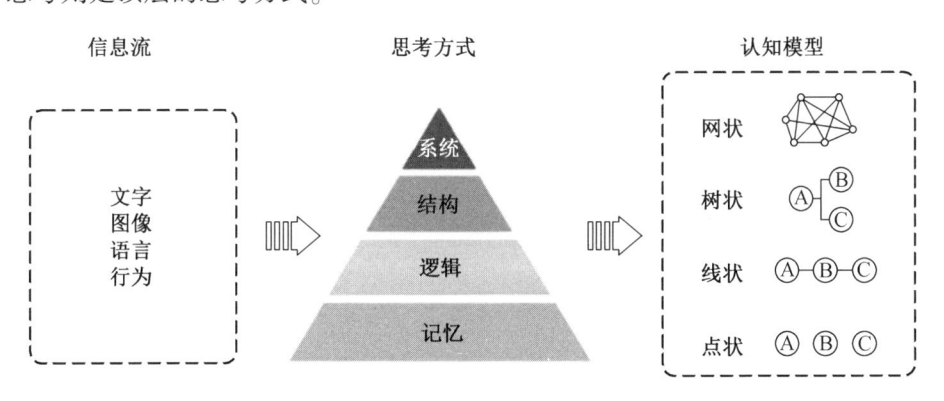

图2-2　思考方式与认知模型

**2. 系统思考**

什么是系统思考？简单来讲，系统思考是利用系统理论对问题进行分析和解决的思考方式。进一步讲，系统思考是人们运用系统观点，把对象中互相关联的各个方面及其结构和功能进行系统认识的一种思考方法。

系统思考有以下三个特点：

（1）系统思考关注事物整体，从全局上思考问题。就系统本身的特性而言，整体大于部分之和，如果将系统各部分分开研究，很可能就不是一个完整的系统。"盲人摸象"讲的就是这个道理，有人认为大象就像一面墙，有人认为像一把扇子，还有人认为像一条大蟒蛇，原因在于他们无法看清事物的整体。

（2）系统思考关注事物的内在结构，透过表象看本质。系统思考能更进一步地看清所关注事物的内在结构、影响要素和连接关系。"冰山模型"很形象地阐述了表象与本质之间的距离。现实中，不少人处理问题时也是"头痛医头、脚痛医脚""上面生病、下面吃药，一人生病、大家吃药"，根本原因就在于无法看透事物本质。

（3）系统思考用动态和发展的眼光看问题。从局限于本位到观照全局，用动态和发展的眼光分析问题，是系统思考区别于其他思考方式的一个显著特征。在现实生活中，问题往往非常复杂，问题背后可能还隐藏着更多、更大的问题，问题与问题之间、问题与结果之间、结果与结果之间均存在着相互影响和动态作用。

**举例**：日本丰田公司有一个著名的调研方法，就是问五次"为什么"。

比如，看到工厂车间地上漏了一大片油。

人们肯定会问：

"为什么地上会有油？"

"因为机器漏油了。"

"为什么机器会漏油？"

"因为一个零件磨损严重，导致漏油。"

好，问了两个"为什么"之后，有了一个解决方案，就是换掉有问题的零件。这是典型的从要素层面解决问题。

但是，如果再接着问：

"为什么零件会磨损严重？"

"因为质量不好。"

"为什么要用质量不好的零件？"

"因为采购成本低。"

"为什么要控制采购成本？"

"因为节省短期成本，是采购部门的绩效考核标准。"

可见，再问三个"为什么"，就找到了系统的深层次问题。如果采购部门的绩效考核标准不改，零件磨损导致机器漏油的现象，就会反复出现。这个例子也提醒人们，如果一个组织总是一而再、再而三地发生同样的危机,很可能问题不在要素层面,而必须从系统的联系和功能上寻找解决方案。如果只是就事论事地解决要素层面的问题,那就会成为救火队长,永远有灭不完的火。

回顾一下认识系统和用系统思考的方法解决问题的过程。

首先,系统由要素、联系和功能三种要件构成,要素是显性的,而联系和功能是隐性的,它们是决定系统行为的关键因素。

其次,系统的变化由存量、输入、处理过程、输出、反馈回路、边界等很多个调节关系决定。

最后,要用系统思考的方法去认知和改变系统。通过重新设计反馈回路、重新定义规则或从顶层设计系统架构,构建机构、激励、惩罚、限制条件和及时有效的反馈机制与运行机制,建立科学合理的目标,以更好地适应新环境和需求。也就是在改变系统要素的同时,重点改变系统的联系和功能。

### 三、管理的定义

什么是管理?这是一个老生常谈的问题,看起来简单,但是没有标准答案,或者说没有一个权威性定义。管理学一般认为:管理是在社会活动中,一定的人和组织依据所拥有的权利,对人力、物力、财力和其他资源,通过计划、组织、领导和控制等一系列的职能行为,以达到组织预期目标的活动过程。这个定义包含三层意思:①管理的目的是实现组织目标;②管理者要有效地协调人、财、物、时间、信息和技术等资源;③管理者要通过计划、组织、人员配备、领导和控制等管理过程来实现管理。

由此可见,管理至少具有以下三个方面的特性:

(1) 普遍性和目的性。管理普遍存在于各种活动之中,这就决定了管理的普遍性。管理是一项有意识、有目的的协作活动,是为实现组织既定的目标而进行的,这就是管理的目的性。

(2) 自然性和社会性。生产过程一般包括物资材料的生产和生产关系的再生产,与生产力相关联的是自然性,与生产关系相关联的是社会性。

(3) 科学性和实践性。管理是由一系列的理念、理论、方法和原则构成的知识体系,这反映了管理的科学性。同时,管理又来源于实践,没有实践就没有管理，这就是管理的实践性。

尽管对管理有了初步认识，但是对企业管理者来说似乎还是很模糊。因此，不必纠结管理的统一定义问题，可以直面管理的根本问题——什么是管理的本质？

根据结果导向原则，管理最终要达到管理目标，因此可以说，管理的本质就是发现问题、分析问题、解决问题，其核心内涵是研究问题、制定方案、控制措施、达到目标。分析问题属于系统思维的表象，应当透过现象看本质，找出产生的问题在系统要素、连接及功能层面的原因。解决问题属于方法论的范畴，使用的方法不同，问题解决的效率和效果就不同。

## 四、系统管理

**1. 基本概念**

目前关于系统管理的定义没有统一的标准答案。根据对系统和管理的认知，在本书中，系统管理就是健全完善系统的各个要素，通过协调、畅通系统要素之间的连接或者联系，使系统达到最佳的运行效果，从而实现其功能或目标。简而言之，系统管理的本质就是要利用系统思维和系统方法发现和解决系统运行中的问题，从而实现系统功能或者目标最优化。

系统管理最核心的含义包括三个方面：①发现和解决问题要具有系统思维，而不是线性思维或者单一思维；②研究和发现的问题是系统性问题，而不是个性问题；③系统思维和系统方法一定能够提高解决问题的质量和效率。

系统思维是指通过透过表面现象，反向思考、分析、理解系统内部各种要素之间的关系及其在系统演化和变化中的作用，从而全面、准确地认知事物的一种思考方式或方法。它能帮助人们更深入地理解和解决问题，尤其是在复杂的环境下，能够从更高的维度或者底层逻辑直面问题的本质。系统思维的理论来源于系统论，是一种系统化分析问题的方法，它在系统管理中发挥着重要作用，能够提高人们在规划统筹、系统管理、创新提升等方面的能力。

系统性问题一般就是指在管理活动过程中存在的共惯性问题，这种问题具有普遍性、共性和关联性。如常说的"只见树木，不见森林""一叶障目，不见泰山""只知其一，不知其二""头痛医头，脚痛医脚""只看眼前，不看长远"等。

**2. 认清系统性问题与个性问题**

在工程实践中,应该如何判断出现的问题是系统性问题还是个性问题?一般来讲,共惯性问题的背后是管理系统造成的,当然属于系统性问题范畴。要分析产生问题的原因,如果是个性化的、偶发的,它就属于个性问题;如果是系统性的或普遍存在的,它就属于系统性问题。

只有认清问题是系统性问题还是个性问题,才能有针对性地去解决问题。解决系统性问题会面临很多跨部门沟通协调的情况,然而并不是所有问题都能通过系统来解决。需要更加着重解决的是那些趋势性的、规律性的、可能影响系统目标的问题。但是,在生产实践过程中,"张三生病,全家吃药"的怪象比比皆是。

> 举例:某城市一建筑工地在拆除塔吊时,由于工人操作不当,导致塔吊倾覆,造成人员伤亡。建设单位随即要求工地停工整顿,行业主管单位要求全市所有建筑工地停工自查。

系统性问题与个性问题既有区别又相互联系,甚至在一定条件下能够互相转化。系统性问题具有一般规律性和稳定性,个性问题往往具有突发性和相对孤立性。对于二者的解决方式不能简单粗暴地采取"一刀切"。如果个性问题系统性解决必然会造成管理成本剧增,而且不能精准施策;如果系统性问题局部或者个别地解决,必然不能达到根治的效果,很有可能"明火已灭,暗火还在",也就是常碰到的"犯了改,改了还犯,屡犯屡改,屡改屡犯"。因此,系统管理一定要先将系统性问题和个性问题分清楚,系统性问题不能个别地解决,个性问题也不宜系统性地解决。

**3. 系统管理的特点**

企业系统管理具有以下四个基本特点:

(1) 目的性。企业系统管理以目标为中心,始终强调系统的功能性实现的客观成效。

(2) 决策性。企业系统管理以企业的战略规划、顶层设计、重大事项决议为中心,直接关系到企业的生存和发展。

(3) 综合性。企业系统管理以系统整体为中心,强调企业所有系统的最优化，而不是某个子系统的最优化。基本内容既包括市场调查、预测、生产和营销，也包括技术、财务和安全监督等，是指导企业全部生产经营活动的纲领。

（4）开放性。企业系统管理以系统间的联系为中心，强调系统的联系。与社会、市场和用户有着密切的联系，目的是实现企业内部与外部环境的动态平衡。

## 五、建筑企业的系统管理

### 1. 建筑企业的管理系统

在了解什么是建筑企业的系统管理之前，首先了解下建筑企业有哪些管理系统。这里讲的管理系统不是很多人理解的具有某些管理功能的管理软件，而是企业管理中某项业务系统的管理体系。一般意义上，管理系统是为达到企业具体业务管理目标，由具有明确的管理职能和内在联系的各种管理机构通过落实管理制度、运行工作机制、实施过程管理等方式所构成的完整的组织管理体系。

建筑企业的管理系统是一个由多种业务管理系统组成的有机整体，各业务系统之间有着紧密、科学、合理的联系，且相互协同、配合、支撑，从而达到或实现企业的目标。通常人们为了管理方便，将一个有机完整体系拆分成若干个看似相互独立的业务系统，不同的企业有不同的业务系统，即便是同类型的企业，其业务系统也各不相同，这取决于以下四个因素：

（1）取决于企业的核心功能或企业在行业中的定位。也就是说企业的主营业务是什么？是建筑工程？是化学工程？还是机械制造？

（2）取决于企业的层级划分和定位。大型建筑企业规模大、业态多、管理层级也多。目前大型建筑企业管理层级一般有 3~5 个层级，每个层级的职能定位也不同。定位是决策？是管理？还是执行？这个需要根据企业的情况来定。比如企业总部管战略、管规划、管顶层设计，子分公司则管项目，重在管理。每个层级的管理系统设置应与层级的定位相匹配。

（3）取决于层级最高管理者的经验和认知水平。同类企业的管理系统设置各不相同，把一个完整有机联系的系统整体进行管理系统的分解、组织，这主要受两方面的影响。一方面，受企业发展历史形成的经验固化下来的习惯影响；另一方面，当前层级最高管理者能力水平和职场经验起到决定性作用。

（4）取决于是否遵循管理系统之间边界清晰、减少交叉、职责明确的原则。各管理系统内运行通畅，系统之间分工明确，而又相互联系、相互协同、相互支撑，减少壁垒。

具体来说，一家建筑企业，首先要明确自己在市场中的定位，或者说在社会中的核心功能，简单来说就是明确自己企业的主营业务范围。然后根据企业的经营范围，明确要分几个层级来进行管理，一般大型建筑企业可以划分3~5个层级。每个层级需要明确自己的定位，这个需要根据企业的情况来定，一般最高层级以监督、决策为主，中层以管理为主，最低层以执行为主。

每个层级根据自己的定位来设置业务管理子系统。企业为了揽活一般需要设置经营开发系统、投资管理系统和企业决策系统；为了实现盈利，需要落实对项目从落地到实施、运营的全过程、全链条的管理。例如，在管理决策上，需要设置董事会决策系统、总经理办公会决策系统等；在机构设置上，需要设置人力资源系统；在生产管理上，需要设置技术保障系统、生产组织系统、物资设备系统、分包管理系统等；在过程监督上，需要设置纪委系统、审计巡视系统、安全监督系统等；在后勤服务上，需要设置综合服务系统等。

企业的这些管理子系统都有各自的要素、联系和功能，它们之间既有区别，又有联系。各子系统的功能不同，各有侧重。各子系统之间存在接口，通过其相互作用、相互影响产生了联系，子系统的目标要服从企业系统管理的总目标。子系统间边界的选择取决于想要了解的信息、出发点和想要实现的功能。

**2. 建筑企业的系统管理**

把建筑企业管理看作一个大系统，就能够采取系统分析的方法，综合研究企业的各项专业管理，把生产经营活动的内部条件和外部环境、定量分析和定性分析有机地结合起来，选择最优方案，提高经济效益，促进生产发展。

对于企业的每一个子系统，其在服务于企业总目标的基础上，还要实现各自的目标或功能。然而，该如何实现各自目标，同时又服务于企业总目标呢？

每一个子系统在要素方面大多包括组织机构、人员、管理制度等，为什么有的系统体系运转良好，而有的系统运行不畅呢？问题往往出在管理系统的联系和功能上，建筑企业的系统管理主要应在管理系统的联系和功能上下功夫。关于"联系",就是要用系统的手段和管理方法实现体系运转正常,机制运转有效;关于"功能",就是要用系统思维的方法和工具设置科学合理的目标。

在社会发展的长河中,每一个时期有每一个时期的历史任务,每一代人有每一代人的历史使命,对于建筑企业来说也是同样的道理,做好企业的系统管理就是要从过去、现在和将来的时间维度、空间维度、政策维度来思考企业的系统管理,做好企业系统管理的顶层设计,用发展的眼光看问题。

## 第二节 安全管理系统观念

本章第一节阐述了有关系统管理和系统思维的基础理论,这些理论在应用到安全管理领域时,应该如何用系统的方法,以及秉承什么样的系统观念去理解安全管理和抓好安全管理呢?或者说安全管理的系统观到底是什么内容?为了便于理解,不妨从工程建造生产活动的原始状态出发来探索安全管理的系统观。

### 一、工程建造生产活动

工程建造生产活动可以追溯到有记载的古代人类生存发展时期。下面以三个工程建造活动为例,还原生产实践过程的本源面貌。

**1. 古埃及金字塔建造**

据有关文献记载和专家分析,金字塔的建造过程展示了古人卓越的建筑技术,如图2-3所示。他们通过精确计算建筑比例、使用精湛的施工工艺以及掌握使用石材的技巧,以确保金字塔的稳定性和耐久性。建造需要的大量人力和资源,人们通过精细的规划、组织和分工合作,并利用合理的运输方法和工具,将石块准确地运送和安置。还原金字塔建设的本来面目,要从金字塔的产生过程说起。

(1)进行工程筹划和规划,以确定其作用。《金字塔铭文》中有这样的话:"为他(法老)建造起上天的天梯,以便他可由此上到天上",金字塔就是这样的天梯,是古埃及国王的陵寝,用现在的说法来讲,可以将其定义为金字塔的功能。金字塔的建造是一项庞大复杂的工程,需要进行详细的筹划和规

图 2-3 古埃及金字塔建造

划,埃及法老和工程师们要进行工程的选址,明确选择的区域、位置,以及方便利用的资源等。

(2) 进行方案设计,以确定金字塔的尺寸、形状、内部通道、墓室和空间等。不同位置、不同尺寸和不同形状的金字塔的基础该如何设计?是挖掘大型的方形坑作为基础,再填充大块的石头和沙土?还是采用条形基础或者网格基础?工艺如何设计?坡度如何设计?金字塔的斜坡是非常重要的,它决定了金字塔的外形。施工工艺如何选择?是对石块进行平移和提升安装,还是进行现场支模浇筑?如果是现场支模浇筑,配合比如何确定?

(3) 进行金字塔建设。要有建造金字塔所需要的材料;要加工运输材料的滑轨、滑索和木橇等木质运输工具;要实施设计方案,确定配合比,按方案制作木质模具,并且要实施技术人员过程管控方案;要有建设金字塔的施工作业人员,明确设置班组的数量;要有组织金字塔施工的管理人员,对 24 小时连续施工或仅白天施工等方式进行明确,最后完成金字塔的成品。

对金字塔从工程策划到过程管控,最后形成成品的全过程进行分析,如果用现在建筑行业对业务系统的定义,整个"生产线"过程涉及规划系统、物资系统、设备系统、技术系统、组织系统和劳务系统等。

建筑企业管理最基础的管理单元是项目管理，而"生产线"管理是项目管理的最小单元。这里的"生产线"泛指项目的一个作业面、一个车间、一个单项工程生产流水线等。

**2. 现代高铁桥梁建造**

高铁桥梁普遍采用的标准结构的上部为32米跨度、900吨箱梁，下部为钻孔桩基础、承台和墩身。为完成一个管理单元内的下部结构建造，需要建造一个"生产线"，如图2-4所示。

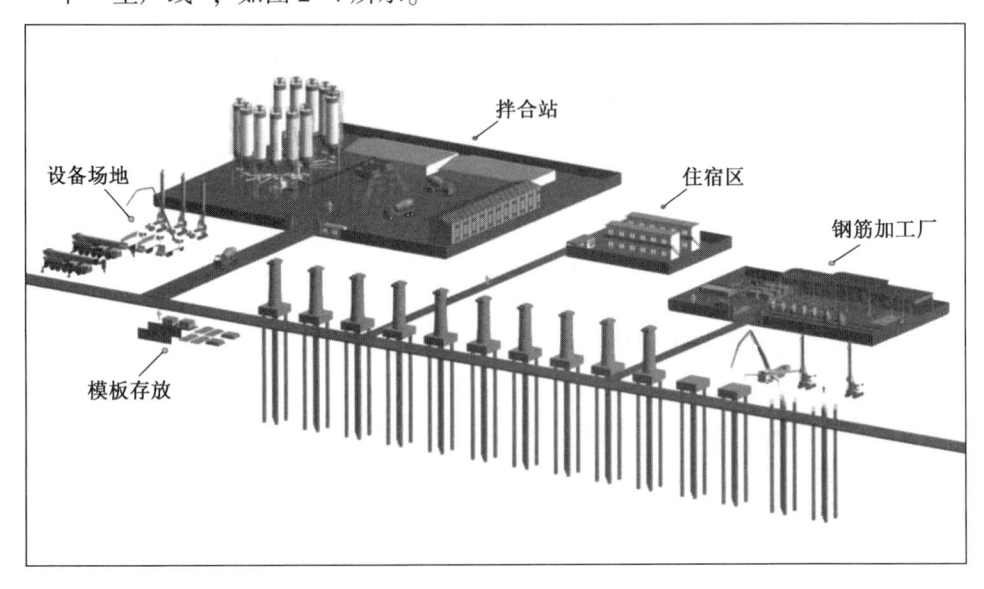

图2-4 桥梁建造生产线

首先，要进行施工策划和规划。明确能够作为一个管理单位的项目经理部要选取的长度；明确采取的管理模式和项目管理团队资源的配置；明确本单元"生产线"的自动化、智能化建造水平的配置；企业对项目的定位，要在创利第一、创誉第一和利誉并重中作出选择；明确分包单位的劳务队伍的选择等。

其次，要进行"生产线"的方案设计和"生产线"的建造。制定科学、合理、经济，并满足上述要求的"生产线"施工方案。完成"生产线"的建设，此"生产线"主要由混凝土拌合站、施工便道、钢筋加工厂、施工资源配置（钻机、吊车、模具、周转材料和劳务协作队伍）等部分组成。

最后，要进行工程建造施工，即"生产线"开始生产。进行物资采购

（地材、钢材等），进行配合比设计和桩基承台等下部结构工艺技术设计和交底，进行钢筋安装和混凝土生产，进行混凝土浇筑和半成品养护。成品桩基检测，产品合格，完成工程产品制造。

**3. 轨道板生产线建造**

轨道板是大家直观印象中的"生产线"产品，因此，为了更好、更直观地阐述"系统观"的内涵，本书以高铁无砟轨道板为例进行详细解读，以其工作开启的顺序为主线进行介绍。

1）标前决策

在标前决策之前，企业应建立健全工程项目慎投红线和慎投底线的管理标准以及投标原则。到了具体投标项目，要对这个标是否能投，投哪个标段，以及企业是否具备拟投工程项目风险辨识和风险控制能力、风险项目施工能力等"隐性"风险进行科学决策。

2）轨道板厂的规划和策划

轨道板厂的规划和策划的要点是轨道板厂的定位，要在创利第一、创誉第一和利誉并重中作出选择。因为每个企业考量是不同的，市场上的成熟企业一般会选择"利誉并重"，但新进入的企业会把创誉作为首要目标，以扩大企业影响力和品牌建设。管理模式和管理团队的配置，轨道板生产线的选择依据是轨道板的定位，生产线要在全自动化、智能化、半自动化，以及全人工中作出选择。

3）轨道板预制厂的方案设计和建造

决策完成后，进行轨道板预制厂的方案设计和建造。组织专家和技术团队进行预制厂方案设计和评审，以保证方案的科学合理性和经济性。预制厂的建造一般包括生产区和生活区，生产区中轨道板生产线包括混凝土拌合站、钢筋加工区、模具工作区、桁架制作安装、混凝土浇筑、半成品养护区等，如图2-5所示。

4）轨道板生产

轨道板生产线调试完成后，进行轨道板生产，主要有以下工作：

（1）物资采购，主要采购地材、水泥、钢材等物资。

（2）生产线的调试、验收，设备维护保养。

（3）配合比设计。

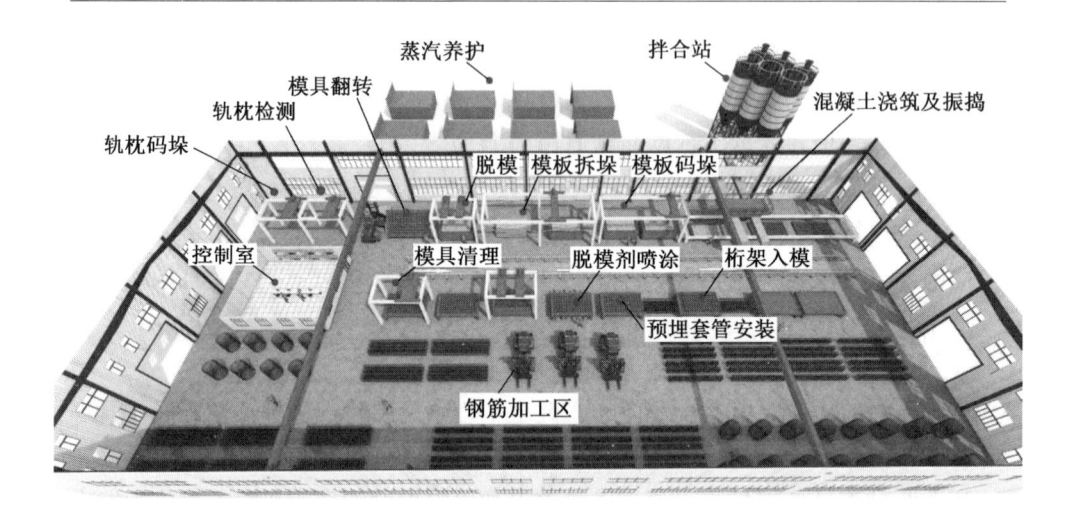

图 2-5 轨道板生产线

（4）施工工艺、技术交底。
（5）生产组织管理和操作人员培训。
（6）钢筋安装、立模板、混凝土浇筑。
（7）半成品养护。
（8）成品验收和存放。

## 二、工程建造系统性演绎

以上通过三个工程生产实践案例还原了工程建造的生产过程和原始面貌。综上，不管是金字塔的建造、高铁桥梁施工、轨道板的生产过程，还是没有举例的房建工程、隧道工程施工等，都可以演绎出安全生产至少要具备以下六个管理系统，如图2-6所示。

还原工程建造生产活动，第一步是规划和策划。进行标前决策，对这个标是否能投，以及投哪个标段进行决策，明确慎投红线和慎投底线。项目中标以后，要明确项目的定位，在创誉、创效和利誉并重中作出选择。对管理模式和考核模式种类的选择，配备的管理团队的水平，领导班子的经验水平和工程难度的匹配度等，都是在策划阶段要考虑和解决的问题，这些直接或间接影响到工程的安全生产。而在建筑企业，这个系统往往不是很健全，存在"关键少

第二章　企业安全管理系统观

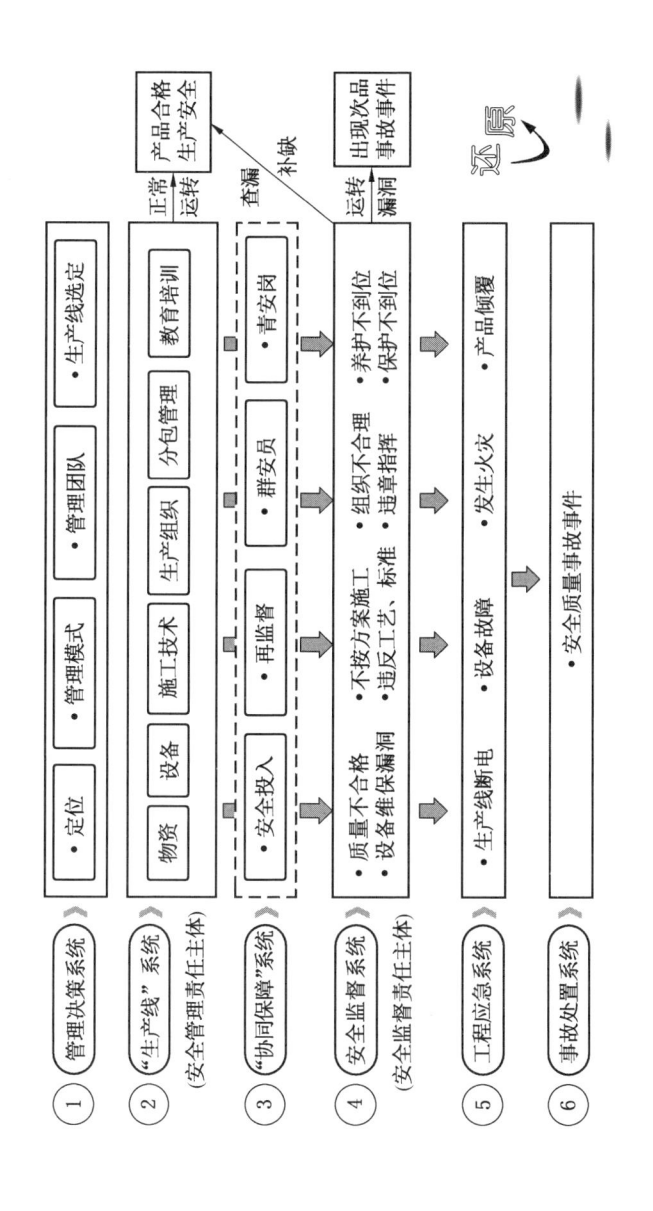

图 2-6　六大管理系统

① 管理决策系统
- 定位
- 管理模式
- 管理团队
- 生产线选定

② "生产线"系统（安全管理责任主体）
- 物资
- 设备
- 施工技术
- 生产组织
- 分包管理
- 教育培训

正常运转 → 产品合格 生产安全
查漏 补缺

③ "协同保障"系统（安全监督责任主体）
- 安全投入
- 再监督
- 群安员
- 青安岗

运转漏洞 → 出现次品 事故事件
还原

④ 安全监督系统
- 质量不合格
- 设备维保漏洞
- 不按方案施工
- 违反工艺、标准
- 组织不合理
- 违章指挥
- 养护不到位
- 保护不到位

⑤ 工程应急系统
- 生产线断电
- 设备故障
- 发生火灾
- 产品倾覆

⑥ 事故处置系统
- 安全质量事故事件

数"说了算的情况，这个系统被定义为管理决策系统。第二步是建设生产线，要进行生产线设计，进行生产线建设，组织生产线采购安装。第三步是进行产品生产，要采购砂子、水泥等，要采购或租赁机械设备，要进行配合比设计和施工工艺确定，要进行资源配置和组织施工，要进行产品养生和半成品保护。整个生产过程涉及企业的物资设备、施工技术、生产组织、分包管理等系统，这些系统被统一定义为"生产线"系统。

还有一个与"生产线"系统关系相对比较密切的系统——"协同保障"系统。比如，财务系统的安全生产费投入保障，纪委系统的安全履职再监督，工会系统的群安员，团委系统的青安岗等。

如果管理决策系统、"生产线"系统能够规范运行，生产出的产品一定是合格的，生产过程也一定是安全的，不会发生生产安全事故。但恰恰是这些业务管理有漏洞、不规范，以及系统运行不正常，出现物资管理、设备管理不严格，教育培训流于形式，施工组织过程存在"三违"，施工方案和执行"两张皮"等问题，最后导致产品不合格或者发生生产安全事故。于是，不得不成立一个安全监管机构，来监督"生产线"系统的各个业务系统管理是否有漏洞，是否有瑕疵。这个系统被定义为安全监督系统。同时，该系统也要履行《安全生产法》中的企业专职安全生产管理机构的法定职责。

在生产过程中可能会发生生产线断电、设备故障、发生火灾和设备倾覆等突发事件，这时就需要启动应急预案，及时进行科学救援，以减少损失、降低影响，并尽快恢复生产。这个系统被定义为工程应急系统。

如果说，"生产线"系统作业不规范，安全监督系统监管缺失，工程应急系统没有制定过应急预案，没有进行过应急演练，应急失败或失效，因而发生生产安全事故，此时就需要一个系统来处置善后。这个系统被定义为事故处置系统。

类似这样的工程生产场景举不胜举，通过对这些"生产线"的场景再现，利用系统思考方式剖析"生产线"，可以得到一些对安全管理的系统性认知或者观点。

### 三、安全管理系统性观点

**1. 安全生产是一项系统工程**

从构成系统的基本要件上看，系统是由要素、联系和功能三大基本要件构成。企业各层级管理决策系统、"生产线"系统、"协同保障"系统、安全监督系统、工程应急系统和事故处置系统等各系统及其子系统构成了企业大安全生产系统。每个系统都包括机构设置、人员管理、制度设计、考核评价等基本要素，系统内及系统间能否正常、有效、高效运转的核心是工作机制，要发挥系统的"联系"作用，同时，每个系统都有各自目标和功能设计，各系统目标服务于安全生产总体目标的实现。

从系统的动态变化上看，系统为了实现自身正常运行和功能，需要以一定的方式运行，每个系统在独立运行的同时，也需要协同运行。以一个工程项目全生命周期管理为例，有标前评审、施工调查、项目策划、过程管控、收尾管理等各个阶段。在标前评审环节，需要管理决策系统明确慎投红线和慎投底线，"生产线"系统、安全监督系统等要结合专业特点提出评审意见；在项目策划的制定上，需要企业各系统共同参与、协同发力，过程中随着项目环境、安全风险和边界条件等不断变化，需要由反馈回路传递信息至项目策划制定所涉及的系统。这期间必然有一定的反馈延迟，所以，动态调整项目策划需要涉及的系统共同决策，同时，受反馈延迟影响，调整后的项目策划往往只能影响未来管理行为，不能改变当时的系统行为。

从系统的基本特性上看，系统一般具备整体性、层次性、开放性、动态性等基本特征。在整体性方面，企业六大系统构成了企业"大安全"生产系统，同时要素之间的相互作用，保障了系统的内在整体性。在层次性方面，大型建筑企业一般有4~5个管理层级，每个管理层级由多个管理系统组成，层级间各系统可分为上、下层系统，这种系统层次具有一定的有序性。在开放性方面，企业及企业各系统与社会、市场和用户有着密切联系，其目的是实现企业与外部环境动态平衡，做到均衡发展。在动态性方面，随着时代、环境的变迁，企业及企业各系统为更好适应社会形势、发展形势和实际需求，不断与外界进行物质、能量和信息交换，使系统动态发展。

总而言之，安全生产就是一项系统工程！

**2. 安全生产是企业各系统共同工程**

1）源于《安全生产法》的规定

《安全生产法》规定，生产经营单位应建立健全并落实全员安全生产责任制，进一步明确了"管行业必须管安全、管业务必须管安全、管生产经营必须管安全"的安全生产工作机制，体现了安全生产不是依靠单一某部门、某系统，而是需要各系统共同发力。所以，安全生产的"全员责任制""三管三必须"，实现了安全与生产共治，每个岗位、每个人员都是"一岗双责"。对于企业来说，安全生产就是需要全系统、全过程、全员共同参与、协同治理，从而实现系统防范。

2）源于安全生产活动本源

本章第二节对工程建造活动进行了还原，并通过对整个工程建造活动的系统性演绎对安全生产过程进行了剖析。回顾轨道板生产线案例，轨道板安全生产实践过程涉及管理决策系统、"生产线"系统、"协同保障"系统、安全监督系统、工程应急系统和事故处置系统等各个系统及其子系统，还原安全生产活动的本来面貌，是各系统共有的工程。

3）源于建筑企业管理实际

不妨回忆下所在的建筑企业，或者所了解的建筑企业，抛开前文所定义的六大系统，在整个安全生产实践过程中，是不是有管理决策机制来确定项目的管理模式、管理团队和考核机制，是不是有生产组织、施工技术、物资设备和分包管理等"生产线"子系统负责现场的安全生产管理，是不是有财务、工会和团委等协同保障系统负责保障安全生产经费、开展隐患监督，是不是有安全监督系统组织日巡查、周检查和常态化隐患排查治理，等等。在当前建筑企业的安全生产管理实践过程中，如果每个系统及其子系统都能够较好地履行安全生产职责，理论上来讲，就不会发生生产安全事故。因此每个系统需要发挥各自作用、相互支撑、配合、协同，这样才能让整个体系高效运行，最终实现安全生产的目标。

安全生产要靠系统管理。实现安全生产不仅是目标，从"生产线"的场景演绎过程来看，它更是六大系统共同作用的结果。

首先，"生产线"的管理模式、组织机构、资源配置和考核标准等需要管理层来进行研究、策划，完成这项工作的管理者的组合，称为"决策层"或者"管理决策系统"。这个系统主要负责工程策划、资源配置和考核评价等，是工程项目成功的关键所在。

其次，"生产线"的技术方案由工程技术部门来制定，技术人员对方案中的安全设计和安全措施负责；所需要的钢筋、水泥、石子、模板和机械设备等由物资设备管理部门来采购或租赁，物资设备管理人员对物资设备的安全条件和状态进行把关、验收；现场的操作工人来自劳务分包，由劳务分包管理人员负责准入、考核和评价；生产组织由现场施工负责人进行组织、协调，施工管理人员对现场的作业人员、物资机械等安全状态要全过程管控；所用的物资设备费、劳务费用和安全措施费等资金由财务部门协调，财务人员对生产过程的资金，尤其是安全措施费要协调、把关；"生产线"系统存在的管理瑕疵、问题需要安全监督部门来进行监督、纠偏；工程出现险情，需要工程应急系统应急处突；事故发生后要由事故处置系统进行事故调查、安抚善后、恢复生产、警示教育和追责问责等。这些负责"生产线"的技术、物资设备、生产组织、操作人员、资金保障、安全监督和教育培训等安全生产要素管理的人员组合，称之为"管理层"，包含了生产组织、技术保障、物资设备、分包管理和安全监督等安全生产业务系统，当然也包括负责安全宣传的工会、负责基层团组织的团委和负责纪律监督的纪委等。

"生产线"的具体施作一般由操作工人、劳务分包人员完成，他们是安全生产的"最后一公尺"，被称为"操作层"，是各个系统的管理对象。操作层受文化水平、思想认识和学习能力等客观方面的局限，在整个"生产线"的安全生产链条中，属于最薄弱的，也是工程项目最需要重视的部分。

综上，整个"生产线"系统的生产是由工程项目的决策层、管理层和操作层共同完成的，缺一不可。"生产线"若要达到安全生产目标，必须是三者相互配合、协同、支撑才能实现，可以说，安全生产是系统管理的结果，安全生产必须靠系统管理！

**3. 安全管理的主体在"生产线"系统**

透过现象看本质，正如轨道板"生产线"、桥梁工程建造演绎的整个过程，如果生产组织科学，技术方案制定合理，原材料、混凝土质量合格，机械设备没有缺陷，工人操作也没有违章违规，整个生产流程没有瑕疵，那么生产出的产品一定是合格的。正是因为存在技术方案与现场执行"两张皮"、采购的材料不合格、机械设备违章作业、作业工人违反操作规程等问题，才需要安全监督系统来监督"生产线"系统的业务管理是否有漏洞、瑕疵。

从这个角度来看，"生产线"系统的安全生产管理是本质安全管理的具体体现，安全生产的本源在"生产线"，如果生产管理不出问题，生产的安全才能得到保障。另外,《安全生产法》中提到了"三管三必须",其中的"管生产必须管安全"的意思是谁管生产,谁就管其生产过程中的安全。因此,抓工程的安全生产必须抓"生产线"系统,安全管理的主体在"生产线"系统。

如果说,企业发生了生产安全事故,是因为"生产线"系统的运行、管理出了问题,企业分管"生产线"系统的负责人在统筹组织生产过程中,未落实安全生产规章制度和措施,安全生产条件不符合要求,那么,要对企业安全生产工作负直接领导责任,"生产线"系统的相关子系统对职责或授权范围内的事项承担相应责任。这不仅仅是系统思维在工程生产实践中的具体体现,也是《安全生产法》中"管生产必须管安全"的本质内涵和法律基本要求。

**4. 干好本职工作是最大的安全履职**

全员安全生产责任制指明,安全是全员的事,企业每个岗位都有相应的安全责任。在企业安全生产实践中,很多技术人员、施工人员、物资设备管理人员和财务人员等都会有这样的困惑:怎么做才算是安全履责呢?是不是在业务工作之外还要去做安全管理的事?

再次回顾工程建造实践案例,如果管理决策层不出现决策缺失和失误,生产过程中材料、方案、工艺和组织等不出现问题,生产的产品一定是合格的,生产也是安全的。也就是说,如果物资设备管理人员管好材料和设备,技术人员的方案和工艺设计没有问题,资金保证充足,施工人员组织得力,操作工人没有"三违"作业等,那么安全生产的目标也就实现了,自然安全责任也就履行到位了。

需要注意的是,"本职工作"是具有安全责任的业务工作,不是脱离于岗位工作内容和要求之外的附加任务,这也是《安全生产法》里"管业务必须管安全"的刚性要求。例如,众所周知,狼是通过锋利的爪牙来寻找生存所需的食物的,同时还用来保卫自身安全和狼群安全,如果把它锋利的爪牙都去掉,那它还能是狼吗?它还能轻易找到食物并保障安全吗?这里狼的锋利爪牙好比安全责任,找寻食物好比业务工作,如果把安全责任和业务工作剥开,业务系统的本职工作就变了,或者说业务系统的本职工作一定是业务工作和安全责任融合一起的。

可见,干好本职工作就是最大的安全履责,或者说,全员安全生产责任制的核心就是干好本职工作!

**5. 正确的决策是安全生产的根本保障**

在各建筑企业中一般设有总经理办公会、党委会和董事会等决策机构,这些决策机构对企业的"三重一大"问题进行决策,而往往一个项目中标以后,对项目管理模式的确定、管理团队的选定、考核模式的确定、生产线的选定等达不到进行"三重一大"的决策条件,多由企业的"关键少数"说了算,一旦决策失误,将对项目的安全生产带来一定的隐患。对于建筑企业来说,往往忽视了这一环节对安全生产带来的影响。

回顾工程建造实践案例,透过现象看本质,对于一个刚中标、风险高的工程项目,如果项目管理模式确定得不合理,应该成立局指挥部,而"关键少数"决策确定为代局指,若管理能力跟不上、管理资源跟不上,势必给安全生产带来隐患;如果这是一个高风险隧道工程项目,在组建管理团队时,选择了没有相关隧道施工经验的项目经理、项目总工,势必也会给安全生产带来隐患;如果考核的指挥棒完全倾向于以盈利为目的,安全生产工作往往容易被忽视。

因此,正确的决策是安全生产的根本保障,从系统的角度来看,系统的影响或改变最大的影响因子是系统的功能或者联系,而企业的决策层恰恰能够决定和影响管理系统的功能和联系。

**6. 专职安全管理系统的本质属性是监督**

专职安全管理系统的本质属性是监督,这是工程安全管理内在的需求。怎么理解这句话?还要回顾工程建造实践案例,继续剖析。人本和物本因素不可能没有一点瑕疵;例如,在生产过程中,很有可能出现选址不科学、人员和设备配置不合理等决策失误,也很有可能出现水泥、石子质量不合格,工人出现违规违章作业,养护不到位等生产管理问题;"生产线"上的各业务系统管理不到位,出现系统漏洞和盲区,没有及时发现问题,从而导致产品不合格,生产不安全。管理者为了改变这种现状,于是就需要对整个生产管理过程进行监督、纠偏。于是,一个负责安全生产监督的部门或系统就产生了,它就是常说的专职安全生产管理机构,在本书中即为安全监督系统。

从"生产线"的角度,演绎专职安全管理系统的来源和职能,不难发现,监督就是专职安全管理系统的本质属性或者自然属性,它不以人为的错误认知而发生功能变化。

当前,建筑企业按照《安全生产法》要求和行业属性,均设置了安全生产管理机构,发挥统筹、协调、指导和监督作用,对下级企业安全生产体系运行和项目隐患排查治理情况进行考核巡查,督查各职能系统部门安全生产责任落实。如果企业发生了生产安全事故,在进行系统问责的同时,安全监督系统因为未开展监督或监督不到位,存在监督盲区和漏洞,应承担相应综合监督责任。

**7. 专职安全管理系统的终极目标是"消灭"自己**

有人说,安全监督的目标是不发生生产安全事故。这句话没问题,但是还不够全面、深刻。杜绝事故的发生是目标,但绝不是安全监督的终极目标。

如果用动态、发展的眼光来看,安全监督部门的终极目标是"消灭"自己,即"消灭"安全监督部门自身。

安全生产的根本在"生产线",安全监督部门的本质工作是监督。如果"生产线"出来的产品都是合格的,生产是安全的,整个过程管理都是严格规范的,那么还需要监督吗?从这个角度来看,如果整个生产过程都没有管理瑕疵,那就不需要设置一个监督部门了。当然并不是说现在生产管理不需要监督了,因为"生产线"还远远未达到不需要监督的状态。因此,要辩证地看待这个问题,今天的强化监督是为了明天安全监督部门的消失。

总而言之,生产管理与安全监督之间是辩证统一的,当生产管理强大时,监督力度可以减小;当生产管理较弱时,必然要强化监督;当生产管理足够强大时,甚至可以取消监督。

那也有人会说,这种说法太理想化了。用一个小故事来启发大家思考这个问题。

1954年,在第一届全国人民代表大会第一次会议上,喜饶嘉措大师坐在前排,扭过头来与毛主席谈笑风生。主席向喜饶嘉措大师请教佛教的"轮回说":"怎么能让人相信真有轮回呢?"大师反问:"你今天能看见明天的太阳吗?"主席说:"看不见。"大师继续说:"那你相信明天会有太阳吗?"主席笑了:"我明白了。"

对于企业管理者来说,企业的本质安全也是这样,需要坚信企业本质安全一定能实现,要坚持抓好本质安全工作。从哲学的角度来说,管理行为源于每天的选择，而选择又源于认知。也就是说，企业的安全管理之所以存在这样那样的问题，根源在于对安全管理的认知。就像坚信明天太阳会升起一样，未来一定会实现企业本质安全，那时安全监督部门将不复存在！

# 第三节 企业安全管理系统实践启示

## 一、工程实践中的风险

### 1. 风险、危险源与隐患

风险的一般定义是指发生危险事件或有害暴露的可能性，与随之引发的人身伤害、健康损害或财产损失的严重性的组合。风险有两个主要特性，即可能性和严重性。可能性是指事故（事件）发生的概率。严重性是指事故（事件）一旦发生后，将造成的人员伤害和经济损失的严重程度。从某种意义上，风险＝可能性×严重性。危险源是指可能导致职业伤害或疾病、财产损失、工作环境破坏或这些情况组合的根源或状态。重大危险源是指长期地或者临时地生产、搬运、使用或者储存危险物品，且危险物品的数量等于或者超过临界量的单元（包括场所和设施）。隐患是指生产经营单位违反安全生产法律、法规、规章、标准、规程和安全生产管理制度的规定，或者因其他因素在生产经营活动中存在可能导致事故发生的物的危险状态、人的不安全行为和管理上的缺陷。

危险源、风险与隐患之间的关系如图 2-7 所示。

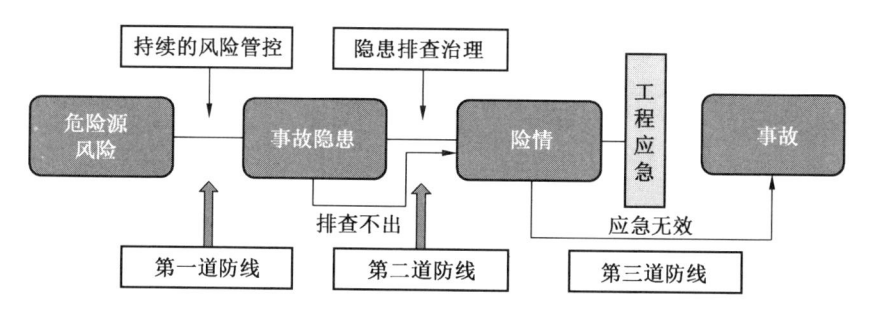

图 2-7 危险源、风险和隐患关系图

从危险源、风险和隐患的定义和关系可知，风险是某个危险源导致的一种或者几种事故发生的可能性和严重性的组合。危险源是风险的载体，是不以人的意志为转移的客观存在，而风险是对危险源未造成任何损失情况下导致事故发生可能性和严重性的主观评价，是危险源的属性。对风险和危险源的辨识、评估、判定和管控不到位，就会产生隐患。

可见，风险是在未导致人员伤亡和财产损失的情况下，人们对风险、危险源可能造成的损失进行主观判断的结果。风险辨识评估和危险源辨识评估不一样，危险源辨识评估是风险辨识评估的一种，风险辨识评估是针对不同风险种类及特点（在建设工程领域，按工程专业划分：隧道工程、桥梁工程等；按作业类别划分：施工用电、起重吊装等）识别其存在的危险及危害因素，危险源辨识评估主要是针对危险源进行识别、评估。

可以说，风险、危险源是客观存在的，虽然有危险，但是采取有效措施，是可控受控的，不会转化为隐患，也就不会发生事故。因此，安全的第一道防线就是风险防控，风险的辨识、评估、预控就显得尤为重要。

那么，在建筑业工程实践中，风险来自哪里？有哪些风险？不同的风险应采用什么样的预控措施呢？这些问题的答案，只有在工程实践中才能够找到真正的答案。

**2. 风险的来源**

风险形成的因素包括自然因素、社会因素和人为因素。风险的产生是一个动态的过程，危险源的存在是风险产生的前提条件；风险因素是风险产生的必要条件，它是危险源与暴露对象之间的联系，这种联系会导致险性事件或者事故的发生。

对于建筑行业来说，风险主要来自工程项目，源头在"生产一线"。工程项目风险形成因素主要有环境因素（包括自然和社会）、工程因素（包括规划、勘察、设计、施工等）和管理因素（包括管理层和操作层）。

**3. 风险的分类**

按照风险的来源，可以把工程风险划分成三类：环境风险、工程风险和管理风险。

1）环境风险

建筑企业最基础的管理单元是工程项目管理，工程项目处于整个自然环境和社会环境中，这些外部环境带来的风险往往容易被忽视或者难以预测。自然环境因素包括台风、暴雨、雷电、暴雪、泥石流、地下溶洞、洪水、地震、火灾和瘟疫等。社会环境因素包括高压电、燃气管道、污水管道、军用光缆、既有铁路线、高速公路和居民楼等。自然环境因素和社会环境因素带来的风险是客观存在的，统称为环境风险。

2）工程风险

工程项目离不开规划、勘察、设计和施工等阶段的活动，这些阶段本身就会带来风险。同时，工程本身因先天条件的限制，无论多么完美的勘察设计，都具有一定的安全风险。例如，在规划某条铁路线时，避开地质条件差的区域就会降低后期施工时的难度，甚至避免一些潜在风险。在项目勘察阶段，如果对地质水文条件勘察不细不清，很容易增加施工风险，留下隐患。工程设计的结构形式、功能不同也会带来不同程度的风险。施工阶段采用的工艺、工法、工装不同，带来的施工风险明显不同。工程本身，如跨海大桥、复杂地质隧道等因其施工难度大、技术标准高、水文地质环境复杂，可预见和不可预见的安全生产风险不同程度存在。这些由规划、勘察、设计和施工等工程管理活动和工程本身带来的风险，统称为工程风险。

3）管理风险

工程项目管理离不开最活跃的因子：管理者和操作层。在项目运作过程中因为信息不对称、管理不到位、决策失误和应对处置不当等影响管理水平，可能会造成重大影响和损失，这种风险称为管理风险，它也属于主体风险范畴。这种风险具体体现在构成管理体系的每个细节上，主要与企业安全文化、管理模式、管理经验、过程管控和人员素质有关。

企业安全文化是企业员工长期形成共同的安全理念、价值观、愿景和行为准则，制约着所有管理的政策和措施。企业安全文化不同于管理模式的刚性影响或显性影响，是以文化对管理活动产生柔性影响或隐性影响。

管理模式是在管理理念指导下建构起来的，是由管理方法、管理制度、组织机构和管理程序组成的管理行为体系结构。它制约着管理体系内的人员流、物资流、资金流和信息流，影响着管理目标的实现。

风险的过程管控直接影响工程项目管理的成败，一般与相关联的风险辨识评估、施工组织、管控措施和监督考核等管理因素有关。

人员素质包括管理层和操作层的品德、知识水平和业务能力。品德是推动管理者和操作人员行为的主导力量，决定了其工作意愿、努力程度和价值评价，对管理成效有直接影响。知识水平体现在生产过程中管理者和操作人员对组织管理和交底的理解和执行上，影响着其相互交流和沟通。业务能力反映出管理者和操作人员干好本职工作的本领，包括应具备的心理特征和适当的工作方法。

**4. 风险的特征**

环境风险和工程风险均来源于自然界和社会中人的实践和认识的对象，即为客体风险，而管理风险则来自工程实践活动的认知者和承担者，即为主体风险。客体风险和主体风险的根本关系是认识关系和实践关系。人的认知活动是主体对客体的能动反映，而客体是认识活动的基础和实践活动的载体。

人们对环境风险和工程风险的辨识是相对容易的，因为这些风险相对是显性的，而最容易被忽视的是管理风险，它往往具有隐蔽性，是隐性的。从风险被认知难易程度上，也可以把环境风险和工程风险归为显性风险，管理风险归为隐性风险。

从风险的来源和分类可知，风险具有以下六个方面特征：

（1）客观性。客体风险是客观存在的，它是不以人的意志为转移的，是无法回避或者消除的，如台风、洪水等自然因素带来的环境风险。

（2）相对性。管理风险具有相对性，它与从事认知活动和实践活动的人有关，与管理者和操作人员的品德、知识水平、业务能力和经验有关。例如，同样的深基坑施工，对于张三和李四，或者对于甲单位和乙单位来说，带来的风险是不一样的。所以，不同的人，不同的群体，对于同一风险事件，可能它的认知和反应是不一样的。

（3）可测性。风险是可以被预测的，因为不管是客体风险还是主体风险，它都是在一个特定时空条件下的存在，换句话说，风险是现实环境和变动的不确定性在未来事件的一种反映，因此，它是可以通过对现实环境因素、工程本身以及管理状况观察分析，被初步预测的。例如，台风来临之前，通过气象观测，可以准确预测台风的经过时间、路径和风力。对于管理风险来说，同样可以通过对管理体系的人员配置、组织机构和管理制度等要素进行评价分析，以预判整个管理体系能否抵御外在的客体风险。

(4) 可控性。对于工程风险和管理风险，在一定条件下，可以通过一系列措施，对其进行事前识别和预测，并通过一定的手段来防范、化解风险。也就是说，通过人为的干预和管控能够把风险控制在可接受的范围，或者能减少遭受损失的可能性。

(5) 动态性。不管是客体风险还是主体风险，都是动态的。因为这些风险都存在特定的时空条件下，必然会在时间的维度下，因自然因素、社会因素、工程因素和管理因素等发生变化而产生一系列的变化。例如，项目的生产管理人员减掉一半，必然会让安全管理力量削弱，从而带来一定的管理风险。

(6) 损失性。当风险形成事故发生后，一定会带来经济损失或者人员伤亡，同时还会带来一些社会影响。为了防范最终损失，或者能够接受某种程度的损失，必须进行风险的预控，从事故的源头进行干预或者管控。

**5. 最大的风险是认知不到的风险**

从风险的定义可以知道，风险是事故的可能性与损失的严重程度的组合，一旦辨识不出风险，这种可能性就转变成了客观存在。从风险的来源来说，其来自自然环境、社会环境、工程本身和企业内部管理。

在工程实践中，往往更注重工程风险。这是受工程专业出身的限制，认知往往都是自己最熟悉的领域，对环境风险的认知还远远不够。自然环境由于其自身的不可预测性、多变性和复杂性，往往不断刷新人类对它的认知。比如，以前形容洪水十年一遇、百年一遇，现在在全球气候的影响下，很难用过去的经验来描述，直接都归为极端天气；以前难以想象北京市、河北省等北方地区会受台风影响，暴雨降水量相当于十几个西湖。管理风险也是以往容易被忽视的，管理模式的合理性、资源配置的匹配性、制度设计的科学性等都会不知不觉地影响着人们对项目风险的认知和判断。管理风险的影响是无形的，不易被认知，但它产生的后果却是颠覆性、灾难性的，可以说管理风险是安全管理的"隐形杀手"。

只要能够辨识出这些风险，就一定能够找到合适的预控措施，而往往最可怕的是未知的风险，认知不到，就意味着风险直接变成了隐患，甚至会直接导致事故。要想解决这个问题，必须尽可能多地依靠群体力量和科学决策，多专业、多角度、多层级地去辨识评估，不留死角，真正能够从事故的源头斩断事故发生的可能性。

**6. 风险预控方法**

工程项目的风险预控应包括辨识分级、评估分析、管控措施和监督考核等阶段。针对环境风险、工程风险和管理风险三种不同的风险，要采用的预控方法也必然不尽相同。

环境风险和工程风险均属于客体风险，具备客体风险的客观性、可控性和可测性等特点，因此可以通过技术手段或者管理组织来预控。比如，在进行山岭隧道施工时，可以通过加强监控量测，对地质水文情况进行超前预报；可以通过优化工艺、工法、工装来提高安全系数；可以通过人员的精细化组织管理提高生产组织效率，从而达到降低或避免风险的目的。

管理风险属于主体风险，具有相对性和动态性等特点，仅仅依靠技术手段和管理组织很难达到风险预控的效果，必须从健全安全管理体系着手，不断提升企业的安全管理理念、优化管理模式、强化过程管理、提高人员素质。坚持系统化管理，才能从管理的根本上化解风险，实现本质安全。

## 二、杜绝事故必须"早发现早治疗"

在企业管理者中，有很大一部分人认为企业规模逐年扩大，每年完成几百亿甚至上千亿元产值，在面临人力资源受限、施工环境复杂、不可预见因素多的情况下，发生生产安全事故是难免的、是正常的。这种陈旧观念极其危险且广泛存在，是"找理由、寻开脱"的思想和表现，从本质上抹杀了管理者主观能动性在避免事故中的作用，忽视了各级管理人员努力防范风险背后的责任和担当，混淆和弱化了管理责任，甚至给未正确履职的责任人提供了"挡箭牌"，终将给企业安全生产管理带来长期的、深远的负面影响。

那么，到底如何杜绝事故呢？这个问题一直困扰着企业管理者们，有的认为杜绝事故要靠责任心，有的认为要靠技术的进步，有的认为要靠执行力，有的认为要靠领导，有的认为要靠全员，等等。这样的观点和认识很多，似乎这些因素都需要，都有关系，但还是不够清晰。

可以用医学上对癌症的治疗来类比思考这个问题。众所周知，人们一旦听说自己得了癌症，便感觉整个世界都崩塌了。那么，癌症不可治愈吗？同样，事故不可杜绝吗？

一般癌症也是有发展过程的，有的分为早期、中期、晚期，如图2-8所示。早期的癌症治愈率较高，能达到80%~90%，早期初始阶段的癌症治愈率能达到100%。这里有一个很关键的前提因素或者途径，那就是早发现、早诊断、早治疗。

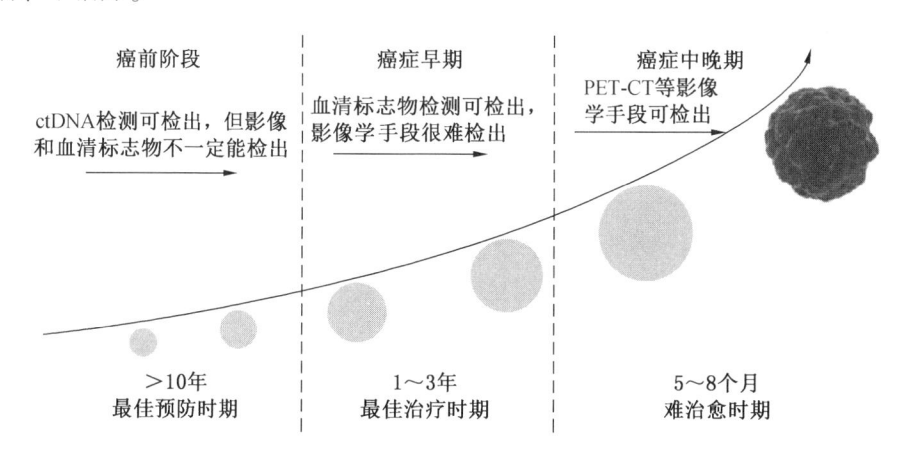

图2-8 癌症治疗各阶段成效

这也为企业如何避免事故提供了很好的思路，即要"早发现早治疗"，也就是说安全管理要从源头治理，要从事后管理向事前预防转变。从风险管理的角度来看，能在事故之前辨识清楚风险的来源，采取积极的预控措施，排查治理现场的安全隐患，便能从根本上杜绝事故。

许多事故的发生都经历了从无到有、从小到大、从量变到质变的动态发展过程，这个过程中有太多的机会去避免和化解可能出现的事故。因此必须由过去以事故处理为主的被动反应模式，向风险预防为主的主动管控模式转变。比如，地方各级政府、有关生产经营单位建立完善安全风险评估与论证机制，科学合理地确定企业选址和建设基础设施，做到项目审批、方案设计、现场建设和组织管理等各项工作都以安全为前提，建立和实施超前防范的制度措施，实行重大安全风险"一票否决"制度，通过这些措施最大限度地降低事故发生。

"早发现早治疗"有以下两个要点：

（1）做到早发现。医生告诉患者要经常体检，定期复查，监控危险源的变化。对于企业安全管理来说，要进行常态化的督查检查，而且要系统地查，不能"头痛医头，脚痛医脚"。

（2）患者愿意为治疗付出相应的代价。在医院里经常碰到因为没钱而放弃治疗的患者，或者对病情不当回事的，不愿治病的患者。对于企业安全管理来说，即使发现企业安全管理存在问题了，往往也有很多领导不重视，认为没出事就是没啥事，或者认为停下来整治会耽误产值进度，甚至会被分包索赔。这样的现象比比皆是，最终导致工程险情不断、事故频发。

## 三、安全管理需要标本兼治

"标本兼治"这个词语相信大家再熟悉不过了，那么，在安全生产领域，对于建筑企业来说，什么是治标？什么是治本？治标是管当下，企业开展对工程项目的生产安全事故隐患排查治理，遏制和打击现场的"三违"行为，通过检查、排查等管理手段，督促和督办工程项目现场存在的现实隐患问题，减少和遏制生产安全事故。治本是立足长远，通过加强系统管理，强化系统协同，压实管理责任，增强"生产线"业务子系统的安全管理能力，发挥"协同保障"子系统的保障功能，强化系统运转，形成管监合力，最终达到治本的效果。

回顾"五个为什么"案例，工厂车间漏了一大片油，为什么地上有油，因为机械漏油；为什么机械漏油，因为零件磨损，导致漏油。到这里，相信多数企业的做法是不再继续进行分析，举一反三也是把零部件进行更换，再延伸无非是排查一下其他零部件是否有问题、是否需要更换。如果只是分析到这里，然后去解决问题，实际上就是治标的手段。再往下继续分析，一定也必须会有系统管理存在的问题，如考核问题、决策问题或者系统运转问题等。用系统的方法和手段去解决问题才是企业管理的治本之策。

在治标的过程中，各要素系统要关口前移、重心下移，切实强化现场风险管控，深入进行隐患排查治理，改变"头痛医头、脚痛医脚、就事论事、就隐患整改隐患"的思维习惯，应透过现象看本质，善于对现场的隐患进行挖掘和分析，查找在管理体系、工作流程、执行标准和人员履职等方面的本质性、系统性、深层次的问题，要"原汁原味"反应现场的真实状态，通过治标的手段，阶段性验证系统管理的真实情况，不断提升系统治理能力和系统安全防控能力。

因此，企业必须坚持标本兼治，如果治标不治本，问题还会源源不断增加；如果治本不治标，现场隐患很快就会酿成事故。从风险管理的角度来看，治标是控风险存量，治本是控风险增量和不断化解系统管理中存在的问题和不足，逐步提升企业系统管理能力。治标要快速、要精准，治本要有耐心，要坚持不懈、久久为功，治标和治本同样很重要。

## 四、全员安全生产责任制是制度体系的基石

全员安全生产责任制是国家从法律层面对全行业以及生产主体单位提出的刚性要求，很多企业落实的做法是制定印发全员安全生产责任清单，并在各种会议、活动中反复宣贯。企业印发的各种文件势必会以各种形式要求压实全员安全生产责任，而在部分建筑企业中，对全员安全生产责任制实际上并没有真正地压实和落地。

**1. 全员安全生产责任制的重要性**

《辞海》中对责任的解释为应尽的义务，分内应做的事。《现代汉语词典》中关于责任有两个解释：①分内应做的事，如尽责、职责、负责；②没有做好分内应做的事，因而应当承担的过失，如追究责任。从这个意义讲，全员安全生产责任是指单位、职能部门、领导、人员对本单位、本岗位安全生产工作应负的责任。根据对《安全生产法》的解读，全员安全生产责任制是指单位、职能部门、领导、人员在劳动生产过程中对安全生产工作层层负责的制度。所以，责任要定到岗位、定到人头，责任制是安全生产制度体系的"母制度"和"总制度"。

企业中的全员安全生产责任制主要是分清责任、压实责任、扫除责任盲区、避免责任交叉，它是保障安全生产的根本。这项工作是一项"一劳永逸"的工作，制定得好，企业在开展安全生产后续的管理工作时就会比较顺畅。

从系统要素的角度来看，要压实建筑企业安全生产的主体责任，必须把安全职责和与安全生产相关的要素部门、岗位完全融合，也就是说，业务部门和岗位必须和法律要求融合贯通。

从系统联系的角度来看，全员安全生产责任制贯穿企业所有管理制度。需要厘清所有业务部门之间的联系，这个联系就是全员的安全职责。

从系统功能的角度来看，全员安全生产责任制是实现企业管理功能或目标

最重要、最根本的基础制度。如果全员安全生产责任制制定空泛，全员安全生产责任不落实、不考核，企业的管理目标则无法实现。

因此，企业全员安全生产责任制的重要性不言而喻！

**2. 全员安全生产责任制是"一把手工程"**

从法理上来说，全员安全生产责任制是"一把手工程"，《安全生产法》赋予了企业主要负责人七项法定职责，其中，第一项就是组织制定并落实企业全员安全生产责任制。对于具体如何组织制定并落实，《安全生产法》中并没有进行详细解读，因为具体做法是企业内部管理行为，要企业的"一把手"组织推动。

从企业管理实际来说，全员安全生产责任制也是"一把手工程"。在全员安全生产责任制制定的过程中，在安全生产责任的明晰过程中，一定会涉及企业领导之间、部门之间、岗位之间责任的制定和明晰，制定和明晰的过程就是一种博弈的过程，也是一项伟大斗争的过程，会存在争执。同时，因为涉及企业的各个管理系统，所以系统间的推诿扯皮、反复博弈的斗争，不是哪个分管系统领导能够有效解决的。因此，企业"一把手"必须亲自过问、亲自上手、亲自推动，真正让全员安全生产责任制能够融入所有部门、所有岗位，真正压紧压实企业安全生产主体责任。

**3. 全员安全生产责任制需要清单化**

企业在制定好全员安全生产责任制以后，需要制定全员安全生产岗位责任清单。全员安全生产岗位责任清单是根据全员安全生产责任制，按照时间轴具体化、事项化、清单化的一项工作清单，不是责任制的重新组合和翻版，而是避免全员安全生产责任制"空泛化"的一种具体举措，可以避免岗位之间、部门之间、领导之间相互扯皮。

在制定全员安全生产岗位责任清单时，企业要遵循以下原则：

（1）责任界面要清晰。企业应查找责任制与实际职能不匹配、流程不协调、接口不到位等问题，避免责任交叉；应以全面履行系统职能为导向，按层级、按系统、按岗位逐级制定全员安全生产岗位责任清单，形成各岗位看得见、可执行、有责任、能考核的安全职责。

（2）要便于操作执行。企业要明确所有岗位的安全责任、责任范围、工作标准和考核标准。责任内容要清晰明确、简明扼要、通俗易懂、便于操作，并适时更新，便于员工自主管理和落实责任。比如，企业主要领导负责的工作、组织的工作、参与的工作、协调的工作、配合的工作，在责任清单中必须予以明确。表 2-1 以企业党委书记、董事长为例，介绍了其责任内容。

表 2-1  全员安全生产岗位责任清单

| 序号 | 职务 | 安全生产职责 | 工作内容 | 开展频次 |
|---|---|---|---|---|
| 1 | 党委书记、董事长 | （1）企业安全生产第一责任人，对单位安全生产工作全面负责。（2）贯彻落实党和国家安全生产方针、政策、法令和重要指示精神，并纳入党委第一议题。（3）统筹发展与安全，主持企业党委会，对安全生产工作进行决策，组织制定企业安全生产规划目标。（4）负责将安全生产列入党委重要议事日程 | （1）主持召开党委会议，及时组织研究解决安全生产重大问题，对责任追究办法、事故责任人问责履行党委会前置程序 | 适时 |
| | | | （2）组织制定并实施企业安全生产专项规划 | 每五年 |
| | | | （3）组织建立健全并落实企业全员安全生产责任制，加强公司安全生产标准化建设 | 动态 |
| | | | （4）组织依法设立安全生产专职监管机构和配置专职安全生产监管人员 | 动态 |
| | | | （5）组织制定并实施企业安全管理体系建设的顶层设计 | 适时 |
| | | | （6）参加安全生产工作会议，提出加强安全生产工作的意见和建议 | 按时 |
| | | | （7）负责参加上级主管部门和政府监管部门组织的各类安全生产会议并贯彻落实会议精神，负责与上级主管部门和政府监管部门进行工作汇报、联系 | 按时 |
| | | | （8）组织制定并实施企业安全生产规章制度 | 动态 |
| | | | （9）组织对企业安全生产工作进行调研指导 | 常态化 |
| | | | （10）督促各级领导干部和各职能部门做好本职范围内的安全生产工作；组织建立并落实安全风险分级管控和隐患排查治理双重预防工作机制，定期组织企业安全生产检查；督促、检查安全生产工作，及时消除生产安全事故隐患 | 常态化 |

表2-1（续）

| 序号 | 职务 | 安全生产职责 | 工作内容 | 开展频次 |
|---|---|---|---|---|
| 1 | 党委书记、董事长 | （5）推动安全生产纳入各层级考核评价体系。（6）督促安委会成员落实安全生产"一岗双责" | （11）督促、督办管理层保证企业安全生产投入的有效实施 | 常态化 |
| | | | （12）督促企业安全生产教育和培训计划的制定和实施 | 每年 |
| | | | （13）指导、协调、检查、监督各级党组织加强安全生产中的思想政治宣传教育和安全文化建设，落实由担任企业党委常委的领导分管的安全生产工作，纳入党建考核要点 | 常态化 |
| | | | （14）指导、协调、检查、监督工会、共青团组织开展群众性安全生产活动 | 常态化 |
| | | | （15）指导董事会办公室、党委干部部、审计部落实部门安全生产责任制 | 常态化 |
| | | | （16）组织制定并实施企业的生产安全事故应急救援预案 | 动态 |
| | | | （17）及时、如实报告生产安全事故 | 及时 |
| 2 | 总经理 | …… | …… | …… |
| …… | | | | …… |

**4. 考核评价是全员安全生产责任制的支撑**

责任制和责任清单都已建立，但考核落不到实处，流于形式，这样的情况一定程度地存在于建筑企业内部。所以说，在考核制度设计方面，企业要建立全员安全生产责任制考核评价制度，该考核制度与干部任用、纪委监督、评优评选和绩效考核等挂钩。对全员安全生产责任制落实情况进行考核评价，该考核评价应与对安全生产管理体系运行的监督考核进行有效结合，对主动落实、全面落实责任的岗位人员进行激励，对不落实责任、部分落实责任的岗位人员进行惩处，不断激发全员参与安全生产工作的积极性和主动性。

考核评价制度体系设计完成后，对于负责考核责任清单落实情况的人员及考核方式，即使是在同类型建筑企业或者一家建筑企业所属的不同子分公司中都不尽相同。按照安全监督系统天然的监督属性和《安全生产法》赋予的监督职能，横向上，安全监督系统每年度或每半年度应对企业各业务系统责任清单落实情况进行考核监督，也可以联合纪委协同开展监督，最终由安委会进行审查；纵向上，上级安全监督系统每年度或每半年度应对所属子分公司安全管理体系的运行情况进行"全覆盖"式的监督，考核结果要作为年度考核评价的重要依据。

### 五、双重预防机制的实践逻辑

双重预防机制指的是风险分级管控和隐患排查治理机制。构建安全风险分级管控和隐患排查治理双重预防机制是《安全生产法》的刚性要求，也是实现事故源头治理和关口前移的有效手段。

**1. 双重预防机制的主要工作内容**

双重预防机制是指构建安全风险分级管控和隐患排查治理的两道防范生产安全事故"防火墙"，是企业落实安全生产主体责任的核心内容。风险分级管控的要义是判定风险等级，明确管控措施和管控层级，并实施过程管控。其具体工作是在企业制定风险分级管控制度的基础上，在工程项目开工前，由工程项目部广泛收集工程项目周边环境、现场勘查，以及同行业、本企业的历史事故统计等风险评估相关资料，根据工程项目结构的难点、特点、水文、地质、环境及季节变化等因素，结合国家和地方法律法规、标准规范及勘察、设计、合同等相关文件，并根据企业标准、操作规程、工艺流程和资源配置等综合情况，进行初步风险辨识评估，过程中组织定期辨识评估，形成初步评估清单并按照分级管控原则上报所属企业评审；企业对项目以单位工程或工点为单元进行风险审核评估，制定管控措施，判定风险等级，形成风险分级管控清单，定期进行发布；企业各业务系统，按照职能分工，制定相应管理管控措施，落实分级管控，严防风险演变成隐患。隐患排查治理的要义是及时排查隐患，提出管理意见并督促整治闭合。隐患排查治理类型分为综合性排查、专项排查、节假日检查和日常排查等，具体工作是企业各层级按照定期和不定期工作机制，对项目现场存在的安全隐患和管理问题进行排查，督促隐患整治闭合，建立隐患数据库，定期开展系统性分析，及时完善相关机制，制定针对性措施，强化全过程监督管理。

风险分级管控和隐患排查治理两者是相辅相成、相互促进的关系。风险分级管控是防止风险演变成隐患的重要手段，是隐患排查治理的前提和基础，通过强化安全风险分级管控，从源头上消除、降低或控制相关风险。隐患排查治理是预防隐患演变成事故的有效举措，是风险分级管控的深化和补充，通过隐患排查治理工作，查找风险管控的失效、缺陷或不足，督促企业采取措施予以整改和补强。

**2. 双重预防机制是系统管理的实践工具**

风险主要来源于工程客体，也就是工程本身风险，如桥梁、隧道、深基坑、高层建筑等工程本身的风险，除此之外，也有环境风险和管理风险。多数情况下，环境风险和工程本身风险交织在一起，如地铁车站下穿市政道路的风险。管理风险是由管理经验、管理水平和管理能力等引发的。从风险的源头分析，要明确企业组织风险辨识评估的系统、进行分级管控的系统和组织隐患排查治理的系统。

对于风险分级管控来说，由于工程风险主要来源于工程技术难度，即工艺、工法、机械装备等，因此，风险辨识评估和技术预控措施的制定，无论是从理论还是从企业管理实际的角度来讲，宜由技术保障系统来组织完成，同时，对风险的识别、辨识和分级宜由相关专业技术专家评定，而不是"关键少数"或者分管系统领导来决定。根据风险来源的不同，由各业务系统（如技术保障、物资设备、生产组织、分包管理等系统）按照职能分工，对风险制定相应管理管控措施，落实分级管控，要严防风险演变成隐患。

对于隐患排查治理来说，《安全生产法》对这项工作进行了明确，即其由安全监督系统进行组织。回顾还原工程建造生产活动的实践案例，安全监督系统本身就有隐患排查治理的属性。因此，对于建筑企业来说，各层级单位安全监督系统是隐患排查治理的主责系统，负责组织开展危险源辨识和评估，督促落实本单位重大危险源的安全管理措施；组织检查本单位的安全生产状况，及时排查生产安全事故隐患，提出改进安全生产管理的建议；督促落实本单位安全生产整改措施，防止隐患演变为事故。

双重预防机制体现了系统观念，体现了"大安全"系统的预控与协同，同时，也是落实全员安全生产责任制的具体体现。透过现象看本质，风险分级管控是隐患排查治理的前提和基础，隐患排查治理是风险分级管控的屏障和补充，二者相互作用、相互补充，构成完整的全链条风险管理。从管理本质来看，风险分级管控和隐患排查治理均是安全生产管理系统本质需求。

## 六、应急处突是工程安全的最后屏障

从风险演变的角度来看，风险辨识不出，就形成了隐患，隐患不排查，就会形成险情，险情得不到及时处置，最终就会导致事故发生。因此，应急处突是工程安全的最后一道屏障。在工程实践中，工程险情出现的频次要远远多于事故发生的次数，如果不重视应急处突这个环节，那么事故发生的频次和严重程度就会急剧增加。

企业是事故的第一责任主体，当前最急迫是要切实提高企业第一时间应对和处置事故的能力。企业领导是事故初期应急处置的第一责任人，企业员工熟悉生产现场、工艺流程，事故发生后，及时正确的处置能有效防止事故扩大。

当前，企业安全生产形势严峻复杂，应急管理任务艰巨、责任重大。企业在建设自身安全应急体系时，应该注重以下四点：

（1）应急管理，制度要先行。企业要加紧制定各类应急管理标准，以标准化建设推动企业提高应急管理水平，同时，要严格应急管理执法工作，通过法律强制性，规范企业应急管理行为，约束企业履行应尽的职责。

（2）应急管理，机构是支撑。企业的应急管理绝不能只在项目部搞搞应急演练，必须有刚性或者半刚性的组织机构，能够保障项目层面应急机制顺畅且正常开展。

（3）应急管理，投入是保障。企业必须落实应急管理责任，加大投入，加强专兼职救援队伍建设，配齐配强人员和装备，储备必要的应急物资，保障项目作业区和生活区的应急响应及时生效。

（4）应急管理，必须未雨绸缪。应急预案体系建设已经成为应急管理工作的重要抓手。企业应进一步规范预案编制，简化优化预案，推行现场处置卡（内容包括重点岗位、人员的应急处置程序和措施，以及相关联络人员和联系方式）运用，切实提高预案的实用性、可操作性；强化企地预案衔接，在预警监测、信息报告、应急响应等方面实现无缝对接，形成企地高效联动；加强预案的培训演练，提高从业人员特别是一线员工的现场第一时间应急处置能力，有效处置生产安全险情并控制事故发展。

> 思想是认知的先导，认知是行为的动机。安全管理工作首先要从思想观念入手，只有企业所有人形成共有的安全管理系统观念，从根本上推动安全生产管理工作，才能最终实现企业的本质安全。

# 第三章
# 企业大安全生产 SESP 系统理论

"上医治未病,中医治欲病,下医治已病。"

——《黄帝内经》

事故发生有无前因后果，还是注定要发生？关于这个问题，许多学者经过长期的探索和研究，逐渐发展出了事故致因理论。事故致因理论认为，事故的发生有其自身的发展规律和特点，只有掌握事故发生的规律，才能保证安全生产系统处于安全状态。

但是，传统事故致因理论也有时代和现实的局限性，并不完全符合和适用我国建筑业工程实践。基于企业安全生产管理具体实际，必须坚持系统观念，结合风险演变事故的正向演绎来发展事故致因理论，并进行具象化，更为重要的是构建与之匹配的用于事故防控的现实方法和途径。

本章从系统管理的角度出发，根据建筑行业和建筑企业特点，基于系统演绎的基本原理，按层级构建企业六大本质安全管理系统及其子系统，建立业务系统基本模型，对安全生产系统暴露的隐性或显性系统性问题进行剖析，在安全生产的各阶段采取系统管理的方法和手段防控生产安全事故，从而形成了一种新的安全管理理论。

## 第一节 传统事故致因理论及其局限性

目前，基于不同角度对生产安全事故的研究，发展了几十种事故致因理论，归纳起来传统致因理论主要有以下五种。

### 一、事故频发倾向理论

1919 年，英国的格林伍德和伍兹把许多伤亡事故的发生次数按照泊松分布、偏倚分布和非均等分布进行了统计。分析发现，当发生事故的概率不存在个体差异时，一定时间内事故发生次数服从泊松分布；当一些工人由于存在精神或心理方面的缺陷，如果在生产操作过程中发生过一次事故，当再继续操作时，就有重复发生第二次、第三次事故的倾向，他们一定时间内事故发生次数服从偏倚分布，符合这种统计分布的主要是少数有精神或心理缺陷的工人；当工厂中存在许多特别容易发生事故的人时，发生不同次数事故的人数服从非均等分布。

1939 年，在此研究的基础上，法默和查姆勃等人提出了事故频发倾向理论。事故频发倾向是指个别容易发生事故的稳定的个人内在倾向。事故频发倾向者的存在是工业事故发生的主要原因，即少数具有事故频发倾向的工人是事故频发倾向者，他们的存在是工业事故发生的原因。如果企业中减少事故频发倾向者，就可以减少工业事故。

## 二、海因里希因果连锁理论

1931年，美国著名的工程师海因里希在《工业事故预防》一书中，阐述了工业安全理论，该书的主要内容之一就是论述了事故发生的因果连锁理论，后人称之为海因里希因果连锁理论。

海因里希把工业伤害事故的发生、发展过程描述为具有一定因果关系事件的连锁，即人员伤亡的发生是事故的结果，事故的发生原因是人的不安全行为或物的不安全状态。人的不安全行为或物的不安全状态是由于人的缺点造成的，人的缺点是由于不良环境诱发或者是由先天的遗传因素造成的。海因里希从事故因果连锁过程中提取出以下五个因素：遗传及社会环境、人的缺点、人的不安全行为或物的不安全状态、事故、伤害。他用多米诺骨牌来形象地描述这种事故因果连锁关系：在多米诺骨牌系列中，一张骨牌被碰倒了，将发生连锁反应，其余的几张骨牌相继被推倒；如果移去中间的一张骨牌，则连锁被破坏，事故过程被中止。他认为，企业安全工作的中心就是防止人的不安全行为，消除机械的或物的不安全状态，中断事故连锁的进程而避免事故的发生。

但海因里希因果连锁理论也有明显的不足，如它对事故致因连锁关系的描述过于绝对化、简单化。事实上，各个骨牌（因素）之间的连锁关系是复杂的、随机的。前面的牌倒下，后面的牌可能倒下，也可能不倒下。事故并不是全都会造成伤害，不安全行为或不安全状态也并不是必然造成事故。尽管如此，海因里希的事故因果连锁理论促进了事故致因理论的发展，成为事故研究科学化的先导，具有重要的历史地位。

海因里希因果连锁理论是安全管理的基本法则，它揭示了安全管理的两个共性规律：第一，生产安全事故的发生会经历多个环节，环环相扣，任何一个中间环节起到了预防作用，事故就能避免；第二，只有重视消除轻微事故，才能防止轻伤和重伤事故，否则大事故的发生只是时间问题。

## 三、能量意外释放理论

1961年,吉布森提出了事故是一种不正常的或不希望的能量释放,各种形式的能量是构成伤害的直接原因。因此,应该通过控制能量或控制作为能量达及人体媒介的能量载体来预防伤害事故。

1966年,在吉布森的研究基础上,哈登完善了能量意外释放理论,提出"人受伤害的原因只能是某种能量的转移",并提出了能量逆流于人体造成伤害的分类方法,将伤害分为两类:第一类伤害是由于施加了局部或全身性损伤阈值的能量引起的;第二类伤害是由影响了局部或全身性能量交换引起的,主要指中毒窒息和冻伤。哈登认为,在一定条件下某种形式的能量能否产生伤害造成人员伤亡事故,取决于能量大小、接触能量时间长短和频率以及力的集中程度。根据能量意外释放理论,可以利用各种屏蔽来防止意外的能量转移,从而防止事故的发生。

## 四、人机轨迹交叉理论

人机轨迹交叉理论的基本思想是:伤害事故是许多相互联系的事件顺序发展的结果。这些事件概括起来不外乎人和物(包括环境)两大发展系列。当人的不安全行为和物的不安全状态在各自发展过程(轨迹)中,在一定时间、空间发生了接触(交叉),能量转移到人体时,伤害事故就会发生;而人的不安全行为和物的不安全状态之所以产生和发展,又是受多种因素作用的结果。起因物与致害物可能是不同的物体,也可能是同一个物体;同样,肇事者和受害者可能是不同的人,也可能是同一个人。

人机轨迹交叉理论反映了绝大多数事故的情况。在实际生产过程中,只有少量的事故仅仅由人的不安全行为或物的不安全状态引起,绝大多数的事故是与二者同时相关的。例如,日本劳动省通过对50万起工伤事故调查发现,只有约4%的事故与人的不安全行为无关,而只有约9%的事故与物的不安全状态无关。

在人和物两大发展系列的运动中,二者往往是相互关联、互为因果、相互转化的。有时人的不安全行为促进了物的不安全状态的发展,或导致新的不安全状态的出现;而物的不安全状态可以诱发人的不安全行为。因此,事故的发生可能并不是简单地按照人、物两条轨迹独立地运行,而是呈现出较为复杂的因果关系。人的不安全行为和物的不安全状态是造成事故的表面的直接原因,如果对它们进行更进一步的考虑,则可以挖掘出二者背后深层次的原因。

人机轨迹交叉理论作为一种事故致因理论,强调人的因素和物的因素在事故致因中占有同样重要的地位。按照该理论,可以通过避免人与物两种因素运动轨迹的交叉,来预防事故的发生;同时,该理论用于调查事故发生的原因,也是一种较好的工具。

### 五、传统"系统安全理论"

在20世纪50—60年代,美国研制洲际导弹的过程中,系统安全理论应运而生。系统安全理论是接受了控制论中的负反馈的概念发展起来的。机械和环境的信息不断地通过人的感官反馈到人的大脑,人若能正确地认知、理解、作出判断和采取行动,就能化险为夷,避免事故和伤亡;反之,如果所面临的危险未能察觉、认知,未能及时地作出正确的响应,就会发生事故和伤亡。其特点主要体现在以下四个方面:

(1)在事故致因理论方面,改变了人们只注重操作人员的不安全行为,而忽略硬件的故障在事故致因中的作用的传统观念,开始考虑如何通过改善物的系统可靠性来提高复杂系统的安全性,从而避免事故。

(2)没有任何一种事物是绝对安全的,任何事物中都潜藏着危险因素,通常所说的安全或危险只不过是一种主观的判断。

(3)不可能根除一切危险源,但可以努力减少来自现有危险源的危险性,宁可减少总的危险性而不是只彻底去消除几种选定的危险源。

(4)由于人的认知能力有限,有时不一定能完全认知危险源及其风险;或即使认知了现有的危险源,随着生产技术的发展,新技术、新工艺、新材料和新能源的出现,又会产生新的危险源。

系统安全理论认为事故的发生是来自人的行为与机械特性间的失配或不协调,是多种因素互相作用的结果。

### 六、局限性分析

传统的事故致因理论按照时间维度或空间维度从精神实质上来说,是继承

## 第三章　企业大安全生产 SESP 系统理论

与发展、守正与延伸的关系，是与时俱进的；不同事故致因理论对事故致因分析的角度、维度、深度有所差异，但都为人们分析事故产生的原因、做好事故的防范与应对等安全生产管理工作起到了积极推动作用。随着社会的进步、时代的更新、各种新兴产业和管理模式的不断涌现，传统的事故致因理论有其局限性。

**举例**：某个房建工程，1 名工人在进行高处作业的过程中，不慎坠落（图 3-1），最终死亡。用以上五种事故致因理论分别进行分析。

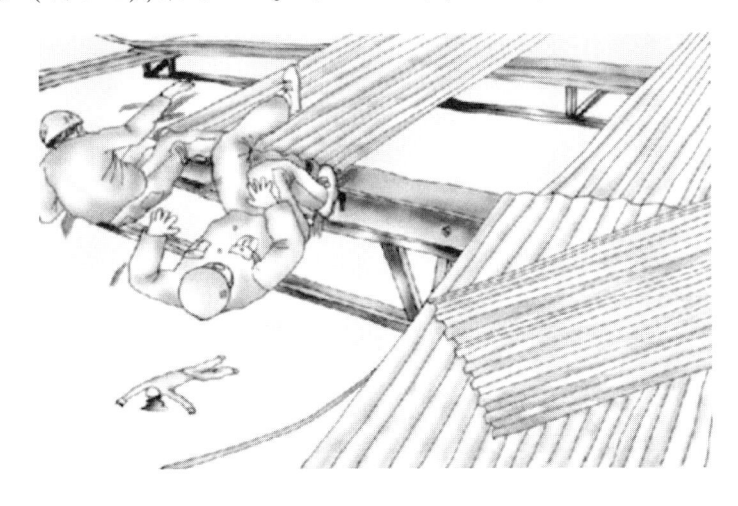

图 3-1　工人从高处坠落

用事故频发倾向理论分析：高处坠落的这名作业工人可能有精神或心理缺陷，是事故频发倾向者。

用海因里希因果连锁理论分析：导致发生坠落事故的主要原因是作业工人未按要求系挂安全带（人的不安全行为）；同时，建筑结构上方堆放的物料未按要求摆放（物的不安全状态），导致绊倒工人，发生坠落事故。此种分析方法没有针对导致人的不安全行为和物的不安全状态产生的深层次原因继续进行分析，只是分析到了"要素"层面。

用能量意外释放理论分析：在起重吊装作业过程中，由于起重吊装司机未按照作业指挥，提前起吊未捆绑好的物料，导致一旁工人被碰撞，发生了能量的意外释放，造成了逆流于人体的伤害，最终导致1名作业工人坠落身亡。

用人机轨迹交叉理论分析：在人和物两大发展系列的运动中，二者往往是相互关联、互为因果、相互转化的，导致发生坠落事故的主要原因是作业工人在起重机械作业半径内违章进行主体结构模板安装；同时，起重机械操作司机未看见正在施工作业的人员，在起吊物料的过程中与人员发生碰撞，两事件链发生了轨迹交叉，最终导致了人员伤亡事故。

用传统"系统安全理论"分析：该理论改变了以往人们只注重作业人员的不安全行为，而忽略机械、设备故障在事故致因中的作用，它主要是针对"物"的本质安全进行阐述的理论，不仅仅关注人的因素。因此，导致作业人员坠落的原因，可能是物的不安全状态或者机械设备故障等原因导致的，要从"物"的本质安全上对事故进行防范。

通过对以上例子的分析，不难看出几种事故致因理论是人们对事故机理所做的逻辑抽象和数学抽象，是描述事故成因、经过和后果的理论，是研究"人""物""环境""管理"这些基本因素如何作用而产生事故、造成损失的理论，是基于人、物、环境、管理等系统"要素"的研究，缺乏对系统"联系"和"功能"的研究。

在借鉴传统事故致因理论分析事故方法的基础上，本章用系统方法、系统思维对事故致因和事故防控进行了深度探索与实践，认为任何一起生产安全事故从致因分析来说，直接原因无外乎是人的不安全行为、物的不安全状态、环境风险和工程风险，透过直接原因的表象，都能找到系统管理上存在的深层次问题和漏洞。抓好安全生产工作要用系统的方法和手段对事故的致因因素进行分析，不仅是分析到要素层面，还要从"联系"和"功能"上找原因。防范和杜绝生产安全事故的发生，不仅要从系统管理的"要素"上下功夫，更要从本质上解决系统"联系"和"功能"在系统缺失、系统壁垒、系统紊乱和系统失效等方面存在的问题，并不断总结和提升。

## 第二节　系统综合征

众所周知，杜绝事故必须早发现、早诊断、早治疗。对于杜绝事故而言，首先是要事前发现问题，然后才能有目标地去解决问题。也就是说，首先要分辨清楚系统发生的问题是什么，或者说企业出现系统问题的症状有哪些；然后才能靠安全管理体系去系统性地治理，这就是常说的"治病要治本"。企业安全管理体系出现系统问题时的症状有哪些呢？

作为一家大型建筑企业的负责人，在企业安全管理方面都可能遇到过下列困惑。

- 企业规模越做越大，生产安全事故时有发生，怎么能杜绝事故发生？
- 企业各管理层级出台的规章制度都很完善，开了很多会议反复强调安全生产工作，为什么还存在踩红线、破底线的问题？
- 企业组织开展了那么多安全专项隐患排查治理和安全综合排查，为什么还会发生生产安全事故？
- 企业安全管理团队的能力不强，究竟如何提高他们的能力？
- 企业管理团队中，各系统的站位不同，如何达成共识，形成合力？
- 同样的制度办法，为什么同类企业的执行效果差异很大？
- 在企业里，安全部门究竟是生产部门还是监督部门？安全部门究竟是干什么的？
- 在企业层面，双重预防机制到底应该由哪个部门牵头组织？
- 在企业层面，安全管理究竟是哪个部门的事？全员安全生产责任制在各个系统中究竟应该怎么制定、执行？
- 对于企业来说，究竟什么是本质安全？怎么才能让企业长治久安？

作为一家建筑企业的部门负责人，不管是安全部门负责人，还是生产部门负责人，在安全管理方面都可能遇到过下列难题。

- 项目越来越多，信息掌控不及时，很多时候项目出事了才去"灭火"。
- 部门的堵点工作越来越多，部门的职员不能独当一面，让他们做还不如自己来得快，什么事情都必须自己上手。
- 项目部因为安全检查、分包限价、合同审批、方案审批等与业务部门存在分歧，对立情绪越来越严重。
- 部门之间经常发生扯皮的事情，分管领导也协调不动。
- 部门人员到项目部出差越来越频繁，但就是不能完全解决问题。

作为一家建筑企业的项目经理，不管是大项目，还是小项目，在安全管理方面都可能遇到过下列困境。

- 公司项目越来越多，项目部管理力量被摊薄，安全管理人员配备不足，经常顾此失彼，漏洞越来越多。
- 分包队伍越来越难管，凭经验干甚至蛮干的比比皆是。
- 各级检查越来越多，疲于应付。
- 合同单价低、抢工期、临建标准高、材料和人工费用增长快等问题不停冲击着项目的安全投入。
- 在项目层面，安全就是安全部门的事，谁发现问题谁解决问题。
- 项目部管理人员年轻化是普遍现象，经验和能力均不足，许多重大风险和隐患没有能力辨识和排查。
- 项目部制定了应急预案，进行了应急演练，也配备了应急物资，还是会因应急不当发生惨痛的事故。

其实建筑企业的企业负责人、部门负责人、项目经理都经历了很多生产实践，按理说都应该成为解决问题或者系统管理的高手，但事实并非如此。

## 第三章 企业大安全生产 SESP 系统理论

- 很多安全风险、隐患、事故的成因似乎很复杂,各种因素交织在一起,相互影响,很难理出头绪。
- 很多制定的规章、制度、办法和措施在空转、应用低效,解决不了本质问题,治标不治本;或者不能全面彻底地解决问题,导致问题反复发生、重复出现,"按下葫芦起来瓢",四处救"火",疲于奔命。
- 很多人只就安全问题抓安全管理,并未触及安全问题产生的根源。
- 很多企业部门负责人往往忙于事务性的管理,而非系统性的管理。
- 很多企业负责人管理企业还是项目管理思维,而无企业管理思维。
- 项目部人岗不匹配的问题非常普遍,导致系统紊乱,造成的生产安全事故比比皆是。
- 企业各部门因各自制定的制度重复、自相矛盾、互相扯皮的现象随处可见。
- 企业制定的很多安全制度和条例长达 10 年不更新,从而产生了一连串的反作用或者副作用。
- 企业制定的很多关于安全的追责办法、惩罚措施,普遍认为干好安全是应该的,干不好就应处罚,正向激励很少。

实际上,以上种种企业安全管理存在的问题都在深刻影响着企业安全管理的质量和效率,这些问题犹如身体得了高血压、糖尿病一样,可能表现出头晕、眼花等各种不适的症状,甚至有些症状还不容易被发现,需要体检,通过 CT、验血等手段才能发现,这些症状如果不能及早重视,不及时去医治,很有可能小病变大病,甚至威胁生命。

## 一、系统综合征症状

从系统的基本理论可知,影响系统运行或者改变系统行为的,最大的因素是功能和联系,其次是要素。能够影响企业安全体系运行的企业安全问题一定也是这几方面的问题。在工程实践中，这些问题往往表现出各种各样的形式，或者叫症状，而且很多症状是交替、纠缠在一起的，很难用一种症状把企业安全管理系统问题来表述完整、清晰。在本章中，参考借鉴医学上的一个名词：综合征。

综合征是医学术语，指在某些可能的疾病出现时，经常会同时出现的临床特征、症状和现象。其本义是指因某些有病的器官相互关联的变化而同时出现的一系列症状。这与企业安全管理系统问题的表征非常类似，因此把在企业安全管理中出现的很多症状，相互关联的系统出现的问题或功能方面的问题，而且是由多种原因造成的，这些症状群称之为"系统综合征"。系统综合征主要有理念偏差、系统缺失、要素漏洞、系统紊乱、系统壁垒和系统失能等方面的特征，是从系统运行表现的有无、空转、效率和效果等方面来表述。

**1. 理念偏差**

理念偏差是管理人员对安全生产思想认识不足、未能与时俱进更新正确的安全生产管理理念，错误的理念认知、事后管理的惯性思维在建筑企业各层级、各系统大量存在。安全生产是一项系统工程，具有极为突出的系统性、复杂性、长期性和艰巨性。正确的、先进的管理理念和原则，是实现本质安全的前提和基础。

第一章企业安全管理现实困局中，阐述了在企业各层级管理人员中，不同程度存在错误的安全生产理念和认知偏差，较为典型的有"生产安全事故不可避免论""安全是专职人员的事""摆平思想，事后处置""口头重视、行为不重视""安全管理只罚不奖""安全管理运气论经验论"六种错误的安全理念。理念是行为和结果的前提和先导，错误的管理理念对安全生产管理行为、管理结果影响深远。

除此之外，企业主要领导、核心管理层也在一定程度存在错误的安全管理理念，对安全生产管理影响巨大。若错误地认为生产安全事故不可避免，会本质上抹杀了避免事故发生过程中管理者主观能动性的作用，忽视了各级管理人员努力防范风险背后的责任和担当，混淆和弱化了管理责任，甚至给未正确履职的责任人提供了"挡箭牌"；若没有用系统观念去破解安全管理中的难题，"企业思维管项目、项目思维管企业"，这些错误观念将给企业安全发展造成阻碍，带偏安全生产方向，给企业安全生产管理带来长期的、深远的负面影响。

**2. 系统缺失**

系统性缺失泛指在生产实践中，因缺乏系统思维，从而片面、表面、单一地思考问题、解决问题，导致系统的功能不全，要么要素不全或者联系不全，最终没有达到系统整体功能目标。

建筑企业安全管理中，这种系统性缺失现象最为普遍，常常表现为以下五个方面：

（1）一叶障目，不见泰山。例如：在项目安全专项方案中，往往只有安装方案，缺少拆除方案；在项目策划中，往往只有工期、成本等方面的内容，却缺少安全策划；项目安全教育培训只有针对劳务人员的，缺少管理人员和机械设备操作人员的；现场机械设备进场安全条件验收只有月租设备的，缺少临租设备的。

（2）只知其一，不知其二。例如：项目上发生高处坠落事故，仅仅认为是管理不严、教育培训不到位、临边防护不到位、管理人员履职不到位，交底没有针对性等，但很少有人关注方案里有没有安全防护设计，有没有受力检算，有没有施工图纸。这也是项目上经常遇到的问题，公司上级部门经常抱怨项目上管理不严、没责任心，却很少有人关注自身的业务人员会不会画图，会不会计算。

（3）头痛医头，脚痛医脚。例如：目前，很多建筑企业的领导和部门到项目上要么处理事故，要么应对险情，要么因工期、质量、资金、劳务纠纷被约谈，四处救"火"，疲于奔命。但是处理完，问题还是反复发生、重复出现，"按下葫芦起来瓢"。

（4）只看眼前，不看长远。一般来说，项目管理和企业管理最大的区别在于项目重眼前，企业重未来、重战略。但是，由于建筑企业的项目大多数周期较短，人员流动性也比较强，项目经理一般优先考虑眼前重要紧急的事；也有一些国有企业管理者，经常会说"我先把项目的火灭掉，再来考虑公司层面的事"。以上现象在工程公司和项目层面较为普遍。

（5）刻舟求剑，缘木求鱼。动态思考问题是系统管理的一大特点，它是跨越时间维度思考问题的一种方式，但往往在生产实践中却很少有人能够运用得很好，这与人的思维缺陷有关。例如，很多时候，项目工程的环境或者边界条件发生变化时，对应的安全专项方案和安全措施却没有动态调整，造成项目现场"两张皮"的现象比比皆是。

**3. 要素漏洞**

要素漏洞泛指企业各层级、各系统及其子系统在机构设置、人员管理、制度设计等方面存在的管理漏洞和盲区,从而导致无法有效服务于大安全生产,在管理源头上,弱化了管理规定和管理行为。主要有以下表现形式:

(1) 机构设置不科学。企业安全生产管理系统包括六大系统及其子系统,所谓的子系统是企业为了管理方便,进行的人为区分,目的是实现企业各项管理目标的最优化。但往往事与愿违,以"生产线"系统为例,此系统包括生产组织、技术保障、物资设备、分包管理等子系统,按照企业管理惯例,各层级按照"上下一般粗"设置相对应的子系统,而没有根据各层级管理职能定位、企业需求和实际情况去划定,带来了安全生产管理界面增多、反馈延迟、沟通障碍、调节回路增强等系统性障碍。

(2) 人岗不匹配。人员和岗位职责是系统管理的基本要素,同时也是系统管理的基本要求。在建筑企业尤其是项目层面,人员和岗位不匹配的现象普遍存在。例如:长期以来,建筑企业项目部专职安全管理人员由于业务能力不足,对工程安全技术掌握不足,往往会由技术人员替代。同样的情况也发生在物资机械部门、施工部门、成本部门。甚至,有的项目让技术员、试验员在项目前期搞征地拆迁、外部协调,而原来的岗位悬空,导致整个项目管理系统功能紊乱,甚至丧失。同时也存在"专业人才少、工作年限短、低学历人员多、劳务派遣多"等现状。

(3) 制度设计有漏洞。不可否认,无论多么优秀的建筑企业,其制度体系设计多多少少都会存在漏洞和瑕疵,主要区别在于是否会对整体目标的实现带来偏差。因此,可以说,制度完整性不强、不能满足企业管理基本需求;制度缺乏系统性,制度体系的纵向脉络、横向衔接不足,兼容性不强,交叉重复;制度时效性不强,制度条款与法律法规要求及企业发展不匹配等是本节所要表达的主要"漏洞"问题。先进、科学、合理的制度体系,是企业各业务系统开展工作的前提和基础,没有有效的制度约束和支撑,管理即是"无源之水、无本之木"。

**4. 系统紊乱**

系统紊乱泛指在生产实践中,因企业各层级、各系统要素或者各子系统发生错位、交叉重叠、相互纠缠,从而引起系统功能紊乱,导致系统功效下降。

建筑企业安全管理中,这种系统紊乱现象较为普遍,但其根源并不容易被发现或者认知。主要有以下五种表征:

(1)层级管理无系统性。一般来说,管理层级是从工程项目层开始向上进化的,层级划分原本的目的是帮助企业实现高质量发展,更好地服务企业管理目标,但现实往往是,企业的层级越高或越低,越容易忘记这一目的。比如:存在企业总部的安全生产管理过度依赖于工程局,甚至不参与安全生产的系统管理,导致各工程局安全生产的管理质量参差不齐,没有企业大安全生产的顶层设计和符合企业管理实际的战略引导;存在工程项目部"用企业管理思维管理项目",对于安全生产"以口号替代管理",仅提出要保障安全生产的宏观口号,却没有干什么、怎么干、标准是什么的具体要求。

(2)系统管理紊乱。建筑企业的管理系统,各子系统内部的联系要多于并强于子系统之间的联系,因此一旦某个子系统的目标而非整个系统的目标占了上风,或者是牺牲整个系统的目标而去实现某个子系统的目标,会导致整个系统的功能失调,以企业安全生产目标来说,甚至可能会发生生产安全事故。以物资设备系统为例,控制采购或租赁成本是该系统的主要管理目标,但如果一味地在产品采购质量、设备租赁质量上突破红线、底线,即使实现了系统内部管理目标,也会为安全生产管理目标的实现埋下事故的隐患。

(3)接口不清晰。在建筑企业管理过程中,经常能听到类似"安全是安全部的事""方案是工程部的事""成本是商务部的事""资金是财务部的事"等这样的话,很多管理者还是片面地看待职能分工。尤其是全员安全生产责任界定时,每个职能系统或者部门之间的接口不清晰,就导致部门之间、系统之间互相推诿、扯皮。

(4)靶向不清。"张三犯病,李四吃药"的现象在建筑企业安全管理中比较常见。检查出问题需要整改时,往往都是"对事不对人",但为了早点闭合,犯错的"张三"不会,就由会的"李四"去整改,"张三"下次依然还是不会,还会继续犯错。

(5)多头化管理。多头管理或多层管理在日常管理中也比较常见。例如:安全员李四到工地上巡检,项目安全部部长让他拍几张照片,项目经理也安排他拍几张照片,公司安全部也要求拍几张,局安全部也要求拍几张……还有的公司工程管理部让项目部报送项目生产信息，安全部让项目部报送生产信息，技术部也让项目部报送……甚至有的局直接建个微信工作群，让项目部报送生产信息，像这样的事情不胜枚举。

**5. 系统壁垒**

系统壁垒泛指在企业管理系统的各层级之间、各系统之间以及系统内外之间，由于接口不清晰或者在时间维度割裂，从而导致其相互之间缺乏作用的接口或者机制。一般情况下，系统上下之间、横向之间、内外之间的壁垒容易被感知，称为显性壁垒；相对地，在时间维度上的壁垒不容易被感知，称为隐性壁垒。

从上述定义可知，系统壁垒应从以下四个维度来感知：

（1）上下之间。管理系统上下之间的"上传下达"是建筑企业最基本的管理途径，但往往因为大型建筑企业的管理层级达到4~5层，文件、制度从总公司到工程局，再到子分公司，最后到项目部，这个时间周期很长，有的甚至要几个月或几年；更为严重的是有很多上级的管理行为根本"穿透不到"基层项目部。

（2）横向之间。系统管理最大的优势是通过各子系统的横向联动来提高工作效率。但现实是，建筑企业由于分工很细，各层级的子系统很多，这也直接导致各子系统之间的天然壁垒很多，"本位主义、各行其是"的现象非常普遍。例如：公司安全监督系统在项目检查出的技术、生产组织、物资设备方面的问题，往往公司上级的技术部门、生产部门和物资设备部门很少参与问题的分析梳理和整改，最后还是由项目的安全部门整改闭合，"谁发现谁整改"的现象非常突出。

（3）内外之间。企业的管理系统不仅具备自然属性，还有社会属性。简单来说，企业的安全管理也要遵循国家法律法规、地方政策、行业标准、当地民风民俗。安全管理系统是一个开放性的系统，尤其是对企业安全管理来说，项目的安全管理不仅仅是企业的管理行为，它也必须和企业外部的安全体系互动，才能在项目的风险预控、过程管控以及应急处置等全过程发挥合力，从而杜绝事故、降低损失以及减小社会影响。

（4）时间维度。企业管理在时间维度的割裂或者独立是最不容易被发现的，也是最为普遍的表现之一。例如：在公司层面，安全管理往往只关注项目施工过程中的管控，忽视了项目前期策划时的安全策划以及项目收尾阶段的安全管控，很多事故往往发生在项目前期人员配置不足，安全管理还未正常开展的阶段；或者在项目后期，人员被大量抽调，安全管控漏洞百出的阶段。在项目层面，很多个体伤亡事故是发生在早交班、午交班和晚交班时，究其原因是安全管理人员与劳务人员工作时间不匹配，形成了"管理时间真空"。

**6. 系统失能**

系统失能指企业管理系统因某个子系统部分功能在管理过程中失能或者多个子系统功能丧失，从而导致系统目标未能实现。

系统失能一般具有两个方面的特征：局部失能和整体失能。

（1）局部失能。企业是由多系统组成，根据职能分工，在服务于企业整体目标的基础上，每个系统有各自突出的管理小目标，当各系统忙于实现各自的小目标时，往往忽视了自己的行动对于整个系统的影响，甚至有可能选择性地忽视了对安全生产管理目标的影响。以工程技术系统为例：在风险辨识评估阶段，对安全风险作出错误的估计，将其中一些风险的危害程度估计得过低，未纳入相应层级的风险管控范围。这种系统局部管理失能甚至可能成为诱发生产安全事故的根源因素。

（2）整体失能。系统管理是通过各子系统各自均能发挥功能作用来实现系统目标的。很多生产安全事故正是由于生产组织系统、技术保障系统、物资设备系统、安全监督系统等均没能保障其功能实现，即企业各系统、全链条"拦截"管理整体失效，最终导致事故发生，如从标前评审、项目策划、过程控制、收尾管理等全周期管控的连续失效。当然，在企业安全管理中，过程失效和职能失效一般是交叉叠加出现，从而导致事故发生。

## 二、系统综合征分析

在第二章，介绍了五次"为什么"的事故分析方法，一般分析事故/事件的发生，分析到第二次"为什么"的时候就不再向下继续分析，仅仅是到人、物、环境、管理等单一要素层面——直接原因，最多是到管理行为层面——间接原因，但这显然是远远不够的，不够深入、清晰。

**1. 系统综合征实践分析**

以物料坠落伤人事故（图3-2）为例，来分析事故发生前的综合征。按

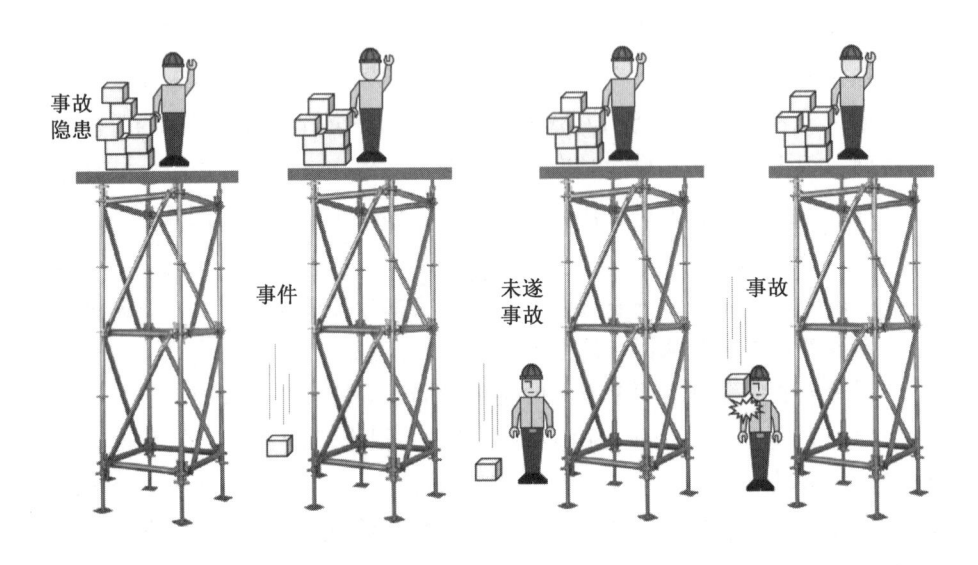

图 3-2　物料坠落伤人事故案例

照一般分析事故的方法，从图中可以看出，人的不安全行为、物的不安全状态是导致事故发生的直接原因，现在用五个"为什么"的方法来剖析事故发生前的综合征。

第一个为什么：为什么高处堆放的物料会掉下来？

因为物的不安全状态，即堆放至平台边缘，没有安全防护；因为上方作业人员的不安全行为。

第二个为什么：为什么高处堆放的物料会伤人？

因为下方的人员违章，从作业面下方通过，导致事故发生。

一般分析到这里，找到了发生事故的直接原因，分析出导致事故发生的施工作业人员安全意识淡薄、劳务分包队伍不服从管理、安全教育培训不到位、技术交底执行不到位、现场隐患排查不到位等间接原因就结束了，不会再往下继续分析，然后针对事故发生的直接原因和间接原因采取防范措施，如做好防护、安装警示标识、进行培训教育等，如图 3-3 所示。

如果只是分析到这个层面，没有搞清楚是哪个管理子系统出了问题，是管理系统的制度设计出了问题，还是考核导向出了问题，抑或是管理决策失误造成的。如果这些深层次原因（根本原因）不去深究，发生的事故即使举一反

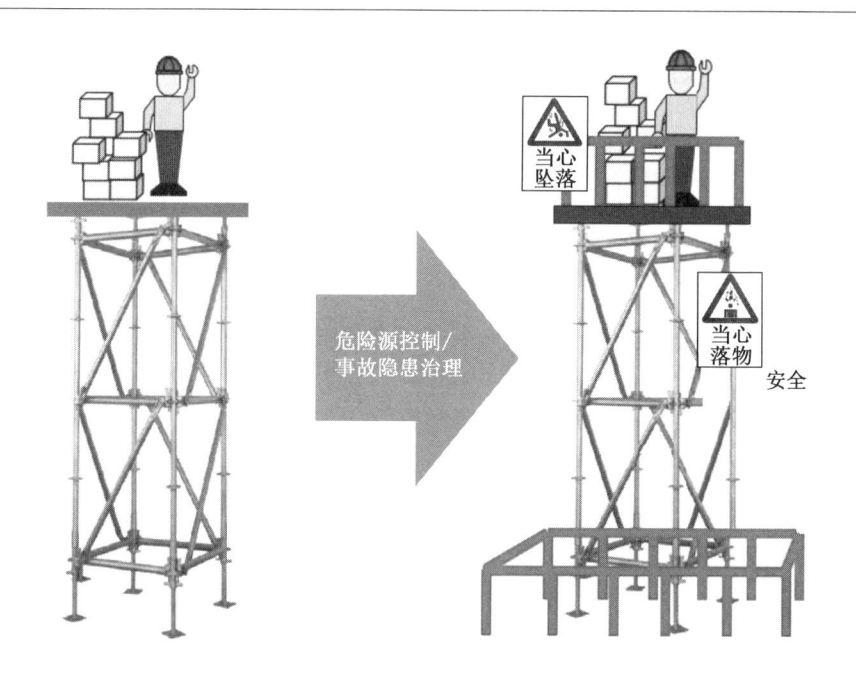

第三章　企业大安全生产 SESP 系统理论

图 3-3　物料坠落伤人事故防范案例

三，进行警示教育，问题也很难从根源上解决，这也是为什么事故反复发生的根本所在。

现在用系统思维的方法和理论按子系统往下继续分析。

先从生产组织系统来分析：

（1）为什么物料会坠落伤人？答：未按方案施工。
（2）为什么不按方案施工？答：现场施工组织的要求。
（3）为什么这么要求？答：为了抢进度。
（4）为什么要抢进度？答：企业施工节点考核。
（5）为什么保施工节点？答："前期"资源配置和组织不合理。

再从技术保障系统来分析：

（1）为什么物料会坠落伤人？答：技术交底不清楚。
（2）为什么技术交底不清楚？答：技术人员对施工工艺不清楚。
（3）为什么对施工工艺不清楚？答：对风险不清楚，工艺措施无针对性。
（4）为什么对风险不清楚？答：做方案前没有进行风险辨识。

（5）为什么没有进行风险辨识？答：没有按照企业管理制度执行。

还可以从管理决策系统来分析：

（1）为什么物料会坠落伤人？答：工人违章作业。

（2）为什么工人会违章作业？答：现场无人监管。

（3）为什么没有监管人员？答：项目监管人员配置不足。

（4）为什么项目监管人员配置不足？答：项目定员不足。

（5）为什么项目定员不足？答：企业成立项目机构，限制定员。

以上分析可以看出，从不同的系统来分析得到事故的综合征各不相同。从生产组织的角度，前期的资源配置和组织非常关键；从技术保障的角度，前期的风险辨识很重要；从管理决策的角度，前期的人员配置也很重要。当然，也可以从物资设备系统、劳务分包系统等去深入分析，一定会得到不同的答案。

**2. 系统综合征模型**

为了加深对以上事故致因分析的直观认识，本章构建了一种新的致因模型——系统综合征模型，如图3-4所示。

从模型可以看出，事故发生可能涉及管理决策系统、"生产线"系统、"协同保障"系统、安全监督系统、工程应急系统等各个系统及其子系统，每个系统及其子系统往往由于自身在人员、制度、机构、机制等方面的缺陷，而表现出的一系列的"病症"，即系统综合征（理念偏差、系统缺失、要素漏洞、系统紊乱、系统壁垒、系统失能等）。由于这些管理系统的系统综合征的耦合作用，使得"生产线"出现了人的不安全行为和物的不安全状态，致使整个系统的安全功能失效，从而引发生产安全事件/事故。

由此可以得出以下启示：

（1）事故的致因必然可以追溯到企业的管理系统。事故发生在现场，原因在管理，根子在系统。

（2）事故的发生一定是多系统耦合作用的结果。从风险演变事故链条来看，风险预控、隐患排查、工程应急等失效都是系统管理不到位导致，而且是多个系统同时失效的共同作用。

（3）事故引发的直接原因是人的不安全行为、物的不安全状态、环境风险和工程风险等，针对性采取措施克服上述原因可以立竿见影，是治标，是"头痛医头、脚痛医脚"的表现；找到诱发直接原因的系统性管理问题，解决

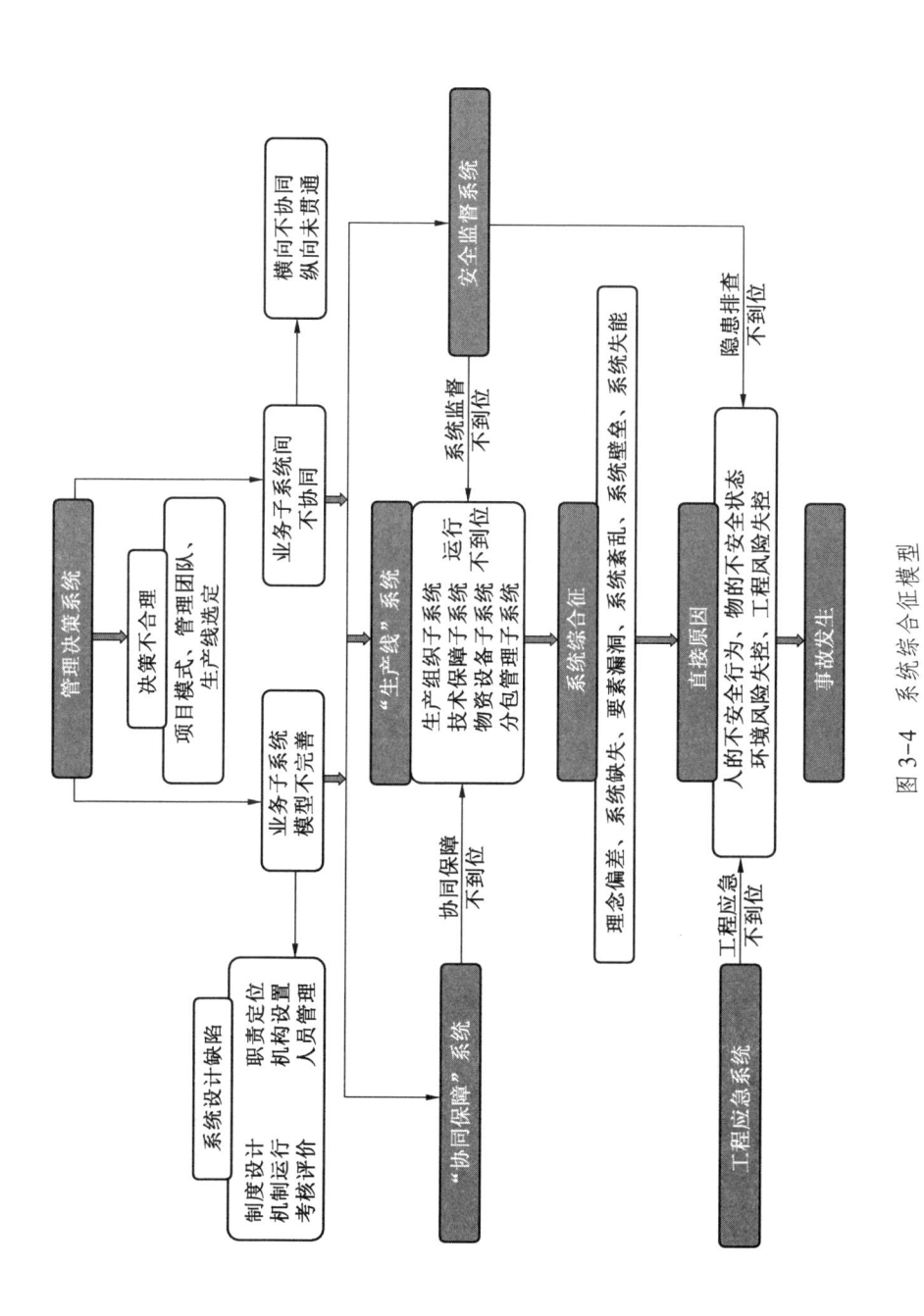

图 3-4 系统综合征模型

系统内、系统间问题是治本之策，也是企业的管理追求。

（4）事故的防控必须从企业的管理系统入手。按照"治病治本""源头治理"的原则，防控事故的发生要从企业管理系统上入手，在完善安全生产管理体系上入手，在各管理系统的职能发挥、协同配合、高效运转上入手。

## 第三节 SESP系统理论

多层级大型建筑企业是高危行业，采用系统的管理观念和管理手段是实现本质安全的有效途径。实现本质安全是多方面、多渠道的，包括人防、物防、技防和管理防。其中，人防、物防、技防均离不开人的管理行为，人是管理的主体，也就是说，实现本质安全的多方面和多渠道追根溯源均能归集到系统管理上，因此，用系统管理的手段和方法构建本质安全型企业，创造了一种新的本质安全系统管理理论，即大安全生产SESP系统理论。

S——System（系统），安全生产靠系统，建筑企业本身是个大系统，为构建本质安全型企业，企业各主体层级要建立六大本质安全管理系统及其子系统，并不断完善企业管理系统的基本架构。

E——Essential factor（要素），为保证企业六大系统及其子系统的高效运转，基础单元业务系统要建立本系统的基本模型，同时具备"功能定位、机构设置、人员管理、制度设计、运行机制、考核评价"六个基本要素。

S——Symptom（症状），在系统运行过程中，会出现"理念偏差、系统缺失、要素漏洞、系统紊乱、系统壁垒、系统失能"等管理症状（系统综合征）。

P——Prevention and control（防控），为实现本质安全目标，企业要用系统管理的手段和方法，按照时间、空间等多维度对"系统综合征"问题进行防控。

大安全生产SESP系统理论是树立系统观念，运用系统思维，采用系统管理的手段和方法从企业层级、时间维度、空间维度构建立体的、动态的企业本质安全生产体系；在体系运转过程中，针对暴露出的"系统综合征"问题，采用系统防控的方法和手段进行修复，从而不断提高企业本质安全水平和能力。

## 一、SESP 系统理论原理模型

为了更好地理解和认识 SESP 系统理论原理，本节系统构建了企业大安全生产系统管理与防控模型——SESP 系统理论模型，如图 3-5 所示。

该模型是本节构建的核心理论模型，体现了从系统管理到系统防控的全过程管理。从模型中可以看出，该模型是按照五个层级的建筑企业进行构建，总公司、工程局、子分公司分别有管理决策系统、"生产线"系统、"协同保障"系统、安全监督系统、工程应急系统、事故处置系统六大系统，每个系统同时具备"功能定位、机构设置、人员管理、制度设计、运行机制、考核评价"六个基本要素，在企业大安全生产管理体系运行过程中可能会出现"理念偏差、系统缺失、要素漏洞、系统紊乱、系统壁垒、系统失能"等管理症状，即"系统综合征"。

为了避免和减少"系统综合征"，可通过隐性风险识别、显性风险控制、业务系统管理、协同保障、安全监督（隐患排查）、工程应急六个维度，对系统症状进行拦截和管控，以实现防控生产安全事故发生的目的，不断完善和夯实企业本质安全管理水平。

## 二、系统安全防控

防控风险要从源头抓起，也就是说，没发生事故之前应该怎么做，怎么在事故之前做好防控，怎么实现系统安全防控，这才是当下安全生产的紧要工作。以下按照项目全生命周期六维度的系统安全防控和企业"大安全"管理系统安全防控两个角度进行阐述，并给出了系统管理和系统防控的方法。

### 1. 风险-事故演变链条

在日常工作生活中，风险、隐患、险情、事故演变链条是大家所熟知的，也就是说风险、隐患、险情均可能导致事故发生，而隐患和险情排查处置不力是导致事故发生的直接原因，风险辨识不到位、不全面则是事故发生的间接原因。风险演变成事故最多需要三步，风险不被辨识，可能导致事故；隐患不被排查，可能导致事故；险情不被处理，直接导致事故，如图 3-6 所示。

风险分级管控、隐患排查治理和工程应急分别是阻止事故发生的第一、第二和第三道防线，这也是双重预防机制和应急管理的意义所在，即把风险控制

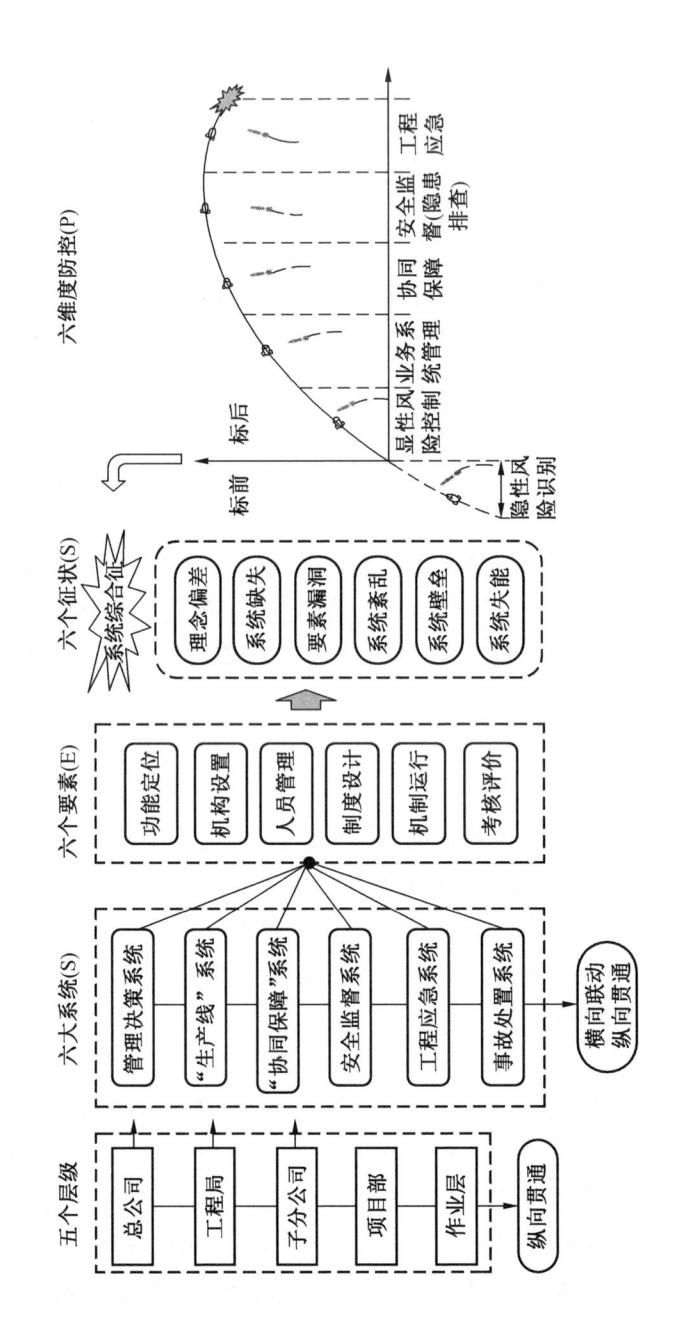

图 3-5 企业大安全生产系统管理与防控模型（SESP 系统理论模型）

S—System（系统）；E—Essential factor（要素）；
S—Symptom（症状）；P—Prevention and control（防控）

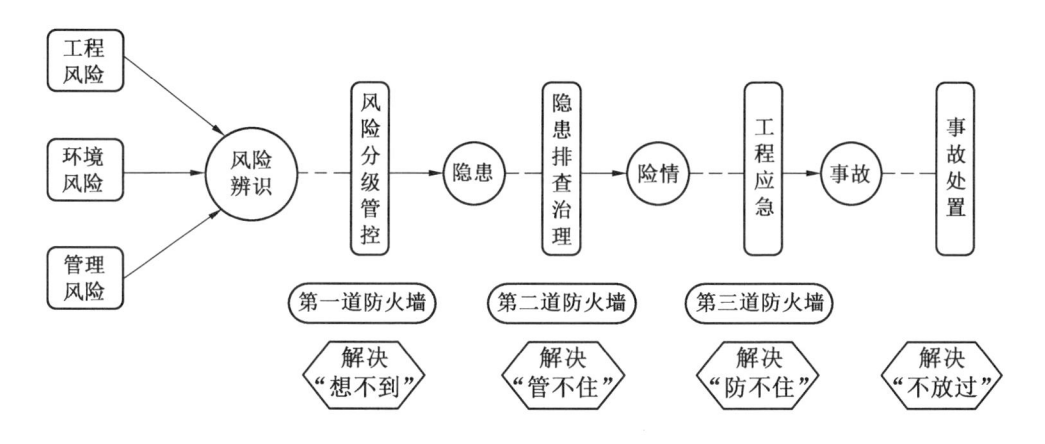

图 3-6 风险-隐患-险情-事故演变模型

在隐患形成之前，把隐患和险情消灭在事故前面。

从某种意义上来说，辨识不出风险就是最大的风险，隐患不排查不治理就是事故，险情不处理就是失职，事故不处置就是犯罪。

风险分级管控包含风险辨识和分级预控，它主要解决"想不到"的问题，也就是认知风险的问题；隐患排查治理主要解决"管不住"的问题，也就是执行不力的问题；工程应急主要解决"防不住"的问题，也就是抗打击能力的问题；事故处置主要解决"不放过"的问题，也就是修复能力的问题。

**2. 基于"六维度"系统安全防控模型**

基于系统综合征分析，建立了系统安全防控基本模型，它是一种理论安全模型，属于思维形式，是安全管理的一种抽象化、理论化的形态。

按照时间维度和空间维度，根据工程项目风险-事故演变过程划分出隐性风险识别、显性风险控制、业务系统管理、协同保障、安全监督（隐患排查）和工程应急六个阶段（图 3-7）。

（1）隐性风险识别阶段是指在项目投标阶段，明确项目慎投红线和禁投底线，并在投标实施过程中，对项目投不投、投哪个标段等进行决策的阶段。

（2）显性风险控制阶段是指工程项目全生命周期中的项目策划、风险辨识、风险等级判定、预控措施制定等阶段。

（3）业务系统管理阶段是指"生产线"系统及其子系统对工程项目全生

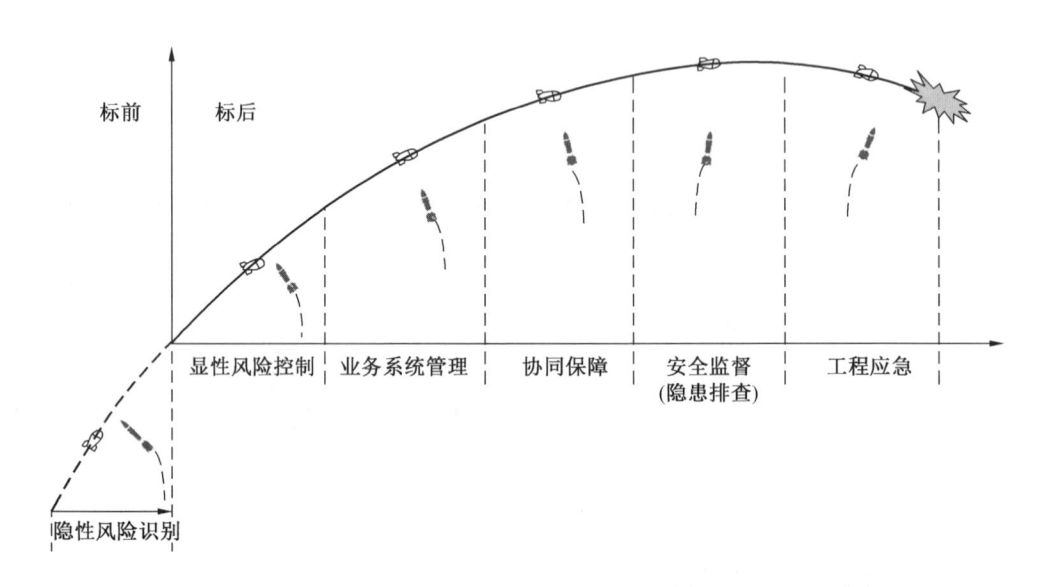

图 3-7 "六维度"系统安全防控模型

命周期的施工技术、生产组织、物资设备、分包管理等进行全过程、全链条管理，落实风险防控措施，对安全风险进行全过程管控的阶段。

（4）协同保障阶段是指参与管理决策，保障安全费用投入，工团系统组织群安员、青安岗开展现场隐患排查治理，并参与工程应急等阶段。

（5）安全监督阶段是指安全监督系统组织对工程项目全生命周期进行安全隐患排查治理，制定排查计划、组织排查以及治理闭合的阶段。

（6）工程应急阶段是指工程项目全生命周期中的针对突发的险性事件进行事态分析、启动预案、救援行动以及事态控制的阶段。

由图 3-7 可以看出，各系统（包括管理决策系统、"生产线"系统、"协同保障"系统、安全监督系统、工程应急系统、事故处置系统）分别在六个阶段 [隐性风险识别、显性风险控制、业务系统管理、协同保障、安全监督（隐患排查）和工程应急] 共同作用，发挥系统合力，防控风险，降低损失。

这一模型揭示了这种防控行为是全过程、全要素系统联动的；同时管理决策、"生产线"、"协同保障"、安全监督、工程应急和事故处置都融于整个防控体系中；工程应急是事故发生的最后一道屏障，在事故前具有积极作用，并非仅仅是事故处置。

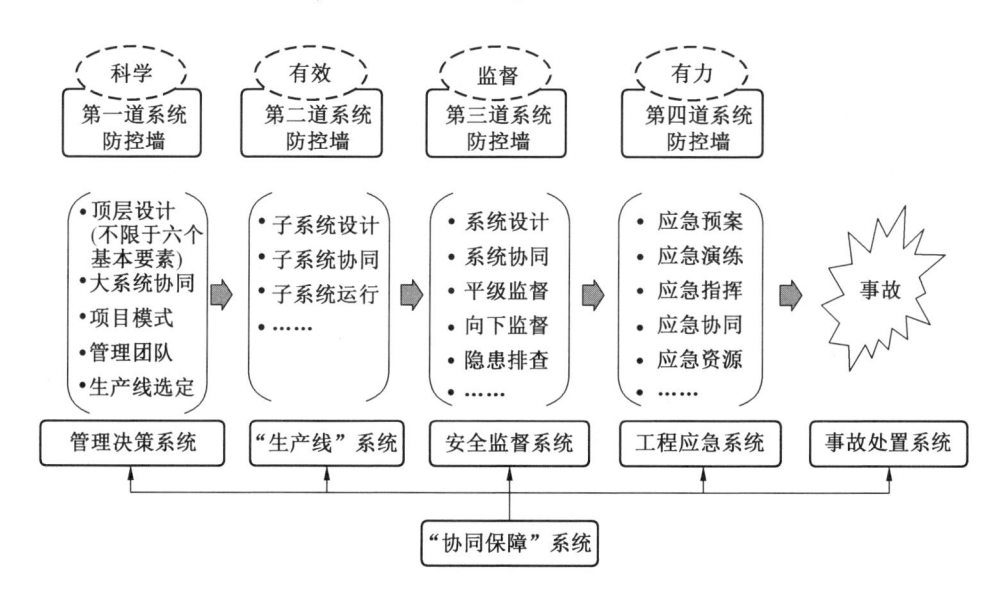

### 3. 基于"大安全"管理系统安全防控模型

系统安全防控涉及六大系统的各自发力、协同联动,在第二章关于还原工程建造的生产活动内容中,已经对六大系统不同阶段在安全生产方面发挥的作用进行了简要阐述,因此,本章构建了系统安全防控的模型——"大安全"管理系统安全防控模型,如图3-8所示。

图3-8 "大安全"管理系统安全防控模型

第一道系统防控墙——管理决策系统。应该做好"大安全"系统的顶层设计(也是管理源头),这里指的是全公司关于安全生产工作的顶层设计,涉及六大系统在制度贯通、职能定位、运行机制、机构设置、考核评价、人员管理等基本要素方面的顶层设计;同时,要为"大安全"系统协同提供制度支持和考核支撑等。针对新中标的工程项目,项目的管理模式的确定、组建什么架构的管理团队、选择什么样的生产线等,这些都是管理决策系统来完成。

第二道系统防控墙——"生产线"系统。这是安全生产管理的责任主体,是实现本质安全管理的内因,在"大安全"生产链中至关重要。在公司战略指引、功能(目标)的框架下,"生产线"系统及其子系统要做好各自包括但不限于六个基本要素的体系设计，按照有效的工作机制运行，对项目全生命周期进行常态化管控和纠偏，是实现企业本质安全的关键。

第三道系统防控墙——安全监督系统。在做好本系统顶层设计的前提下，要构建与其他五大系统的工作协同机制。横向，对各系统及其子系统的安全生产履职情况进行监督；纵向，对所属各子分公司"大安全"系统运行进行监督、指导、纠偏和"把脉问诊"；按照层级的职能定位开展工程项目现场的隐患排查治理工作。

第四道系统防控墙——工程应急系统。经常会听到这样一句话，工程应急系统的终极目标是"无急可应"。该系统在险性事件发生前，要结合工程实际、应急资源调查、风险辨识评估结果等制定应急预案，开展应急演练。一旦发生险性事件，能够按照"统一指挥、分级响应"的原则，成立应急指挥部，统筹应急抢险，避免事态扩大。

当然，"协同保障"系统在系统安全防控的各个链条均发挥着重要的作用，比如，参与决策、保障安全防护和文明施工措施费、开展纪委平级监督、组织群安员和青安岗等开展现场隐患排查治理、进行应急工程抢险等，发挥着协同保障作用。

这一模型从"大安全"系统管理的维度，阐述了各系统在不同阶段发挥的作用，从本质上来说，如果第一道系统防控墙和第二道系统防控墙都没有问题，能够完全履职，就不会发生事故，正是"系统综合征"现象的存在，才需要各系统在不同阶段协同防控。

**4. 系统管理方法**

企业的系统管理本质就是利用系统思维和系统方法发现和解决系统运行中的问题，从而实现系统功能或目标的最优化。

建筑企业一般有3~5个管理层级，大型建筑企业一般有5个管理层级，即总公司、工程局、子分公司、工程项目部和作业层。总公司、工程局、子分公司等各层级大安全生产管理系统均包括管理决策系统、"生产线"系统、"协同保障"系统、安全监督系统、工程应急系统和事故处置系统六大系统，每个系统及其子系统同时具备功能定位、机构设置、人员管理、制度设计、运行机制、考核评价六个基本要素（在第四章会进行详解）。系统管理应用到企业具体实践，就是各系统、各业务管理职能部门及其管理团队，按照有效的工作机制,将现行的管理制度执行到位的体系运转方式,实现企业管理目标最优化。主要管理方法包括以下三种。

1) 安全生产管理系统构建

站在企业总体安全观的视角,从实质意义上构建大安全管理格局。首先要用系统思维和系统方法,根据构成系统的基本要件,明确企业各层级每个系统应同时具备的基本要素(功能定位、机构设置、人员管理、制度设计、运行机制、考核评价),将安全生产责任落实并贯穿全过程,用功能定位进行责任界定(含各层级、各系统),用机构设置进行责任明确,用人员管理进行责任细化,用制度设计进行责任固化,用运行机制进行责任落实,用考核评价为责任落实提供保障,以此构建企业业务管理系统的基本模型。

企业层级不同,安全生产管理的侧重点也会有所不同。同样,各层级企业管理决策系统、"生产线"系统、"协同保障"系统、安全监督系统、工程应急系统、事故处置系统构建的侧重点也会有所不同。因此,应按照企业层级职能定位和各系统关于安全生产的职能定位进行系统构建,以此来健全完善企业各层级大安全生产管理的体制和机制,为功能或目标的实现提供支撑保障。

2) 安全生产管理体系运行

再完美的系统管理体系,如果不能高效运行,并付诸实践,也等同于"闭门造车""空中楼阁"。所以,系统管理的方法和手段在企业层面、工程项目和作业层面如何有效运行是大安全生产管理的重中之重。因此,企业应按层级、全系统、多维度构建有效的工作机制,来保障制度体系的有效运行。如:按照层级职能定位明确各层级安全管理系统运行的侧重点,按照时间维度和工程项目全生命周期维度明确各层级必须长期坚持和运行的刚性工作机制,并通过系统管理手段督促、督办、指导层级体系运行。

3) 安全管理体系评价与提升

系统是动态变化的,企业安全管理体系并非一成不变。因此企业应定期对安全管理体系的建设和运行情况进行科学评估、分析,及时发现安全管理体系运行存在的系统性问题,为企业管理决策和提升提供科学依据。例如,通过不断更新管理理念、多维度分析系统运行问题、关键少数积极推动等手段和方法,促使企业安全管理体系不断完善和提升,在第六章会阐述评价和提升的主要方法和途径。

**5. 系统防控方法**

结合系统管理理论和风险管理的六维度，从不同阶段分析各个安全生产要素系统主要职能和防控重点内容。

1）隐性风险识别

（1）阶段工作目标：结合企业安全生产系统管理实际进行投标决策，防范隐性风险。

（2）重点工作内容：明确标前慎投红线和底线，对项目安全风险进行分析，对项目投不投、投哪个标进行科学决策等。

（3）主要作用系统：管理决策系统。

2）显性风险控制

（1）阶段工作目标：风险辨识及制定风险管控措施并实施。

（2）重点工作内容：风险辨识评估、风险等级判定、风险预控措施制定、过程风险预控等。

（3）主要作用系统：管理决策系统、"生产线"系统。

3）业务系统管理

（1）阶段工作目标：风险辨识及制定风险管控措施并实施。

（2）重点工作内容：营销交底、管理模式、项目团队组建、施工调查、项目管理策划、风险辨识评估、施工组织（简称"施组"）方案优化、分包队伍选择、人员教育培训、方案执行、物资设备进场验收、重大工序安全条件验收等。

（3）主要作用系统："生产线"系统。

4）协同保障

（1）阶段工作目标：协同保障大安全管理体系的有效运行。

（2）重点工作内容：安全投入、安全履职再监督、组织系统培训、安全文化宣传、群安员和青安岗监督等。

（3）主要作用系统："协同保障"系统。

5）安全监督

（1）阶段工作目标：对隐患进行排查治理。

（2）重点工作内容：制定隐患排查治理方案和计划；组织开展隐患排查治理工作；建立隐患治理台账，落实隐患整改责任人、整改完成时间、整改措施和临时防范措施、整改资金、验收标准及验收人;验收人按验收标准对隐患整改情况进行评估,评估合格同意隐患闭环,评估不合格要重新进行整改;定期对隐患排查治理情况进行统计分析。

(3) 主要作用系统:安全监督系统。

6) 工程应急

(1) 阶段工作目标:有效进行应急处置,将事件、事故造成的人员伤亡、经济损失、社会影响等降至最低。

(2) 重点工作内容:启动实施应急预案;依规进行上报;实施现场救援,避免次生灾害;做好善后安抚、配合调查、舆情管理等工作。

(3) 主要作用系统:工程应急系统。

## 三、SESP 系统理论基本要点

理论上讲,有效的安全管理源于这样的前提:安全管理系统的各子系统能够影响和改变导致事故发生的一连串因果关系中的至少一个环节(风险、隐患、险情)。在所有的事故发生之前都有一连串的事件发生,如果对每一个事故链上的某些事件(风险、隐患、险情)都能够加以干预,通过系统性的防控,所有的事故都是可以避免的。SESP 系统理论具有以下五个基本特性。

**1. 坚持系统观念是系统安全防控逻辑源点**

系统观念是认识和改造客观世界的一种非线性思维。坚持系统观念,就是要从事物在时空领域内的普遍联系和运动变化出发来认识世界、改造世界。

为什么要坚持系统观念?归根结底,源于其历史逻辑、理论逻辑和实践逻辑的有机统一。也可以说,坚持系统观念也是本章中系统安全防控理论的逻辑源点。

历史逻辑:系统观念,古已有之。中华优秀传统文化就有着极为丰富的系统思想,到了近代,系统观念更是得到广泛的发展和应用。系统观念是复杂系统理论的基本思想,正是因为世界是复杂的,复杂现象普遍存在,复杂系统理论的应用空间不断拓展延伸,系统观念在经济社会等多个领域的应用实践中也在发挥重要影响。

理论逻辑:坚持系统观念,客观地而不是主观地、发展地而不是静止地、全面地而不是片面地、系统地而不是零散地、普遍联系地而不是孤立地观察事物、分析问题、解决问题，是唯物辩证法的内在要求，是马克思主义重要的思想和工作方法，这也是发展具有中国特色的安全管理理论的内在要求。

实践逻辑：中国式现代化离不开建筑领域的高质量发展，而安全是高质量发展的基本前提。这就要求我们必须运用系统科学的方法分析和解决生产中的安全问题，从多因素、多层次、多方面入手研究企业安全管理中的系统性问题，从系统论出发优化企业安全治理方式，协调不同系统、各种政策制度在企业安全管理体系中的定位和功能，统筹好企业的安全与发展问题。

**2. 系统协同是系统安全防控的关键**

系统协同指的是管理系统在与外界进行物质或信息传递、交换的情况下，如何通过自身的协同，自发地在时间上、空间上或功能上产生有序影响作用。

不管什么样的管理系统，尽管属性不同，系统之间都存在着相互影响又相互合作的关系。例如，建筑企业的生产部门和安全部门之间关系的协调，当然也包括之间的相互制约。

那么如何让不同的部门之间、不同的系统之间能够发挥抑制制约作用，发挥合力作用，就显得尤为重要。尤其是对于大型建筑企业来说，"生产线"系统又包含了很多子系统，层级多分工细也就必然导致系统之间相互配合的羁绊很多。可以说，如何实现系统协同是抓企业安全管理系统工作时必须考虑的问题，也是关键的问题。

既然系统协同讲究的是系统之间的关系，那么，系统协同具体到企业安全管理中，那就是要抓好安全管理系统中的运行机制和考核评价等。其中，运行机制发挥着系统协同的驱动作用，而考核评价则是"作用导向"或者"指挥棒"。

**3. "生产线"管理是系统安全防控的根本**

建筑企业的生产管理主要是指在企业安全生产实践中，通过对人、材料、设备、工具等资源配置的动态调控，管理人员和操作人员与物资机械等质量安全的保证，技术管控与施工组织按照标准来实现施工安全生产。具体来说，"生产线"系统主要包括技术保障系统、物资设备系统、分包管理系统和生产组织系统等。

建筑企业安全生产工作中，"生产线"管理是基础，是系统安全防控工作的根本，它是内因。"生产线"管理是人力资源、生产组织、施工技术、物资设备、分包管理等综合管理的体现，上述要素是保证安全生产的根本，安全管理成败的决定因素是以上这些生产要素的规范管理。剖析许多引发生产安全事故的原因，只要是物的不安全状态、人的不安全行为、管理的漏洞缺陷，究其根本原因都是未能从源头上把各项管理制度，特别是生产要素管理制度依规落在实处。

**4. 安全监督是系统安全防控的屏障**

要想弄明白安全监督系统是什么？必须厘清安全监督系统的本质属性。如此才能彻底扭转部分人员"安全管理就是专职部门和专职人员的事""安全管理历来是安全管理部门的事"等惯性守旧、模糊或错误认识。

从理论上来说，如果"生产线"系统能够把生产的各个环节都做到位，不存在隐患和瑕疵，那么也就不需要监督。从某种意义上说，安全管理最终的目标就是消灭安全监督系统，或者说安全管理不再依赖监督就能实现本质安全。

但是在现实中，本质安全的理想状态就像"绝对的圆"一样，是安全管理追求的终极目标。安全监督的本质属性是监督而不是生产管理。通常，建筑企业的安全监督主要通过安全管理制度建设、安全生产标准化建设、安全教育培训、安全信息化建设、隐患排查治理等手段，同时对作业现场开展常态化隐患排查，监督"生产线"管理部门和操作层安全生产责任制履职情况，从而促进"生产线"系统管理水平的提升。可以说，安全监督就是系统管理的优化手段和路径，也是系统安全防控的提升途径。

安全监督与"生产线"管理对于企业安全生产同样重要、相辅相成、相互依存，统一于安全生产全过程，如图3-9所示。安全监督主要是监督"大安全"系统运转，监督和督促项目现场的隐患排查治理工作，是监督和促进，它是外因；而"生产线"管理是安全管理工作的"本"，是内因。从系统合力的视角来说，应从要素管控这个源头着手，抓好安全生产的前端控制，也就是生产要素系统的管控。从"生产线"管理和安全监督的相互关系来看，生产要素的管控是安全生产的前端和源头，安全监督侧重"大安全"系统纠偏和安全生产过程的隐患排查治理，决不能用安全监督替代安全管理。

**5. "生产线"管理、安全监督和工程应急都是全过程的**

"生产线"管理、安全监督和工程应急三者融为一体，各自主责不同，但在整个安全生产中都是全过程的。它们都应贯穿于项目策划、过程管控、应急

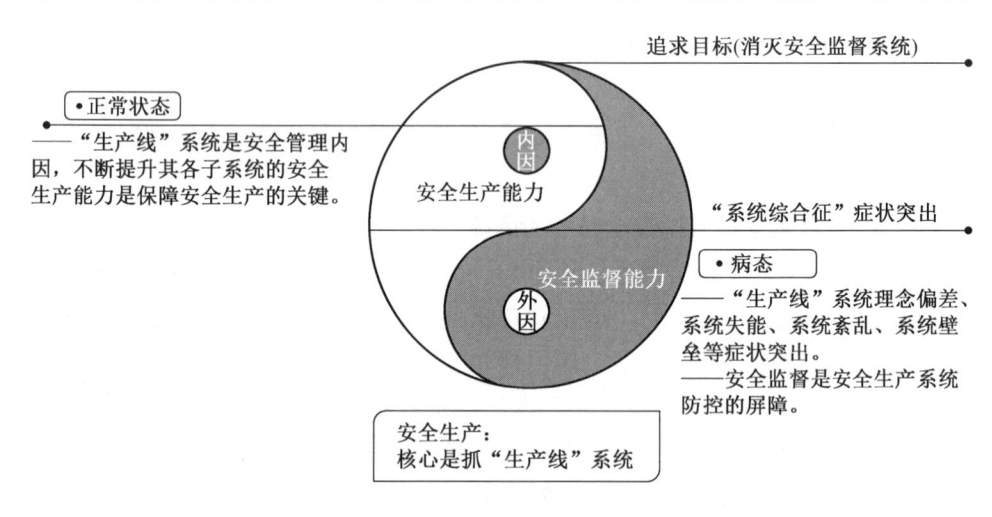

图 3-9 安全生产能力与安全监督能力辩证关系图

处置、项目收尾等项目全生命周期中。

目前，建筑企业项目策划中普遍存在"安全策划缺失""应急策划缺失"现象；过程管控普遍存在"两个管理真空"问题，即"管理真空时间"和"管理真空区域"；项目在应急处置阶段普遍存在"应急响应不及时或者失效"现象；项目收尾阶段存在"安全管理和监督缺失"现象。安全监督管理依然还停留在"有了事才处理、出事才能处理"的思维误区中，在项目策划、过程管控和项目收尾阶段都还普遍存在监督缺失。

> 理论来源于实践，必须在实践中检验和发展。企业大安全生产 SESP 系统理论是实践的理论创新，也是理论的实践升华，是用系统观念、系统手段和方法，构建了多维度、立体化的企业本质安全生产管理体系，将对企业安全管理体系的构建、运行和提升具有较高的指导意义。

# 第四章
## 企业安全生产管理体系构建

"居安思危,思则有备,有备无患。"
——《左传》

"建久安之势,成长治之业。"
——《汉书》

建筑企业面临较为复杂的局面和较为突出的风险，必须突破传统的单一部门监管的管理模式，真正落实"三管三必须"和全员安全生产责任制的基本要求，从实质意义上构建大安全格局，才能真正做到系统治理、源头治理、依法治理、全员治理和标本兼治，这已经达成基本共识。但是，系统思维如何与建筑企业的安全管理有效结合，以真正实现企业的系统安全管理，企业的大安全生产格局到底应如何构建？目前在企业的安全管理方面还不同程度存在以下问题：

（1）从管理理念来看，部分企业领导人员和管理者缺乏系统思维，缺乏大安全的基本视角，对如何构建企业安全管理体系思路不清，对体系运行中出现的突出问题难以敏锐发现并及时解决，更多的是凭感觉、凭经验、凭习惯开展安全管理工作。

（2）从管理模式来看，相当部分的建筑企业仍处于传统型、经验型的管理模式，系统安全管理仅仅还是一种理念、一种说法，系统管理的大安全格局并未形成，单一的部门监管模式并未打破，各个管理系统未全面履职并形成有效联动，安全生产的管理与监督未形成有效合力。

（3）从管理成效来看，由于大安全格局尚未真正形成，绝大部分企业离本质安全的要求尚有较大差距，企业的安全生产成效未实现本质突破，生产安全事故势头未能得到有效遏制。

如何有效解决以上问题，把安全管理系统观有效运用到建筑企业的安全生产中，基于企业大安全生产 SESP 系统理论原理，构建企业安全生产管理体系，以系统化管理实现企业安全生产的全面可控和长治久安，这是要重点讨论和解决的问题。

# 第一节　企业业务管理系统基本模型

系统是由要素、联系和功能三大基本要件组成，企业各业务管理系统也不外乎是由要素、联系和功能组成，系统管理的最大优势就是运用系统论的观点和方法，尤其是整体论的思想，分析组织问题和管理行为。它不仅以全局观点突破了片面性的思维，以开放的观点突破了封闭性研究，而且以"关系论"替代了"要素说"。在这一思想下，系统管理既重视组织内部的协调，也注重外部的联系，把企业内外作为一个相互关联的动态过程和有机整体；既重视组织结构，也重视人的因素；既强调系统目标，也强调管理过程；既注重管理制度，也注重考核评价。

企业各层级的每个系统应同时具备功能定位、机构设置、人员管理、制度设计、运行机制和考核评价六个基本要素（图4-1）。从系统的基本原理来看，企业管理系统的功能定位就是系统的功能或者目标，机构设置、人员管理和制度设计是系统的要素，制度设计（既有要素属性，也有联系属性）、运行机制、考核评价就是系统各要素间的联系。

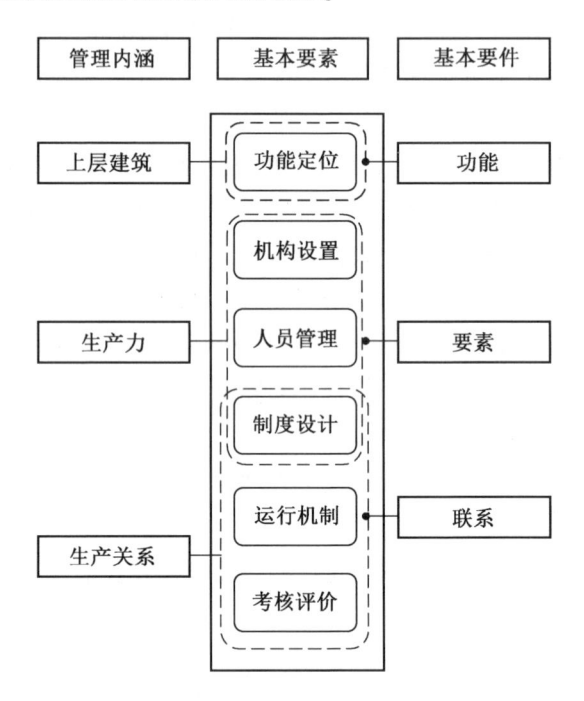

图 4-1　企业业务管理系统基本模型

从管理的特性来看，系统管理也涉及生产力、生产关系和上层建筑三个层面的内容。系统管理具有生产力和生产关系属性。系统管理是由许多人依靠某种规则协作而产生的，它是有效组织共同协作所必需的，具有同生产力和社会化生产相联系的自然属性；同时，系统管理又体现了生产资源所有者指挥、监督劳动的意志，因此，它又具备同生产关系、社会制度相联系的社会属性。具体来讲，企业系统管理的机构设置、人员管理、制度设计就代表了企业的生产力属性，制度设计、运行机制和考核评价则代表了企业的生产关系属性。企业的上层建筑包括企业价值取向和功能目标，从企业系统管理的角度来说，功能定位就是它的上层建筑。

## 一、功能定位

从系统的内涵出发，业务系统的功能定位实质是该系统的目标或功能。企业为管理方便，将一个有机整体划分为若干子系统，如生产组织、技术保障、物资设备、分包管理、财务管理等系统，每个系统都有各自目标和功能设计。系统能否正常运转，系统间能否协同发力，功能定位十分重要。如技术保障子系统主要功能是技术管理、科研开发等，生产组织子系统主要功能是科学均衡生产、合理配置资源等。

作为规模大、层级多、系统较复杂的建筑企业，各系统、各层级的功能定位关系到企业管理的效率和效能。厘清功能定位，需把握以下两点：

（1）要明确各系统、各层级的功能定位，明确系统间、层级间的职责边界。

（2）要理顺系统间、层级间的管理关系，建立系统管理接口，保证体系的有效高效运转。

目前建筑企业仍存在层级和系统功能定位不清晰、"三管三必须"要求未能全面落实等问题，企业各层级应从纵向、横向两个维度进行梳理和优化。在纵向维度，对各管理层级的功能定位进行基本明确。总的来说，层级越高，越应强调顶层设计和监督考核的职能，层级越低，越应强调过程管控和落实执行的职能。在横向维度，要明确管理决策系统、"生产线"系统、安全监督系统等系统的责任边界和接口，特别是"生产线"系统是决定本质安全的关键，必须对"生产线"系统及各子系统的安全生产责任进行清晰界定和有效压实。在此基础上完善各岗位的安全生产责任，制定全员安全生产责任制，做到各司其职、分工协作、有效接口，形成合力。

## 二、机构设置

各系统、各层级的功能定位明确之后，必须明确负有相应职责的职能部门或机构,以保证功能定位的实现。组织机构的设置、优化和整合,一是要做到依法合规,满足法律法规及上级要求;二是要做到合理设置、精干高效,符合企业发展实际;三是要做到界面清晰、权责明确、权责利(权利、责任和利益)相统一。

目前建筑企业仍存在机构复杂、重叠交叉较多、"上下一般粗"等共性问题,企业各层级应根据法律法规的要求,适应形势和发展需要,结合企业自身特点,对各层级的机构设置进行持续的优化和整合,做到逐步趋于权责明确、设置合理、界面清晰、精干高效。

### 三、人员管理

组织机构的职责是否能充分履行,重要的是配置与机构职责相匹配的必要的管理人员。人员管理应把握以下原则:

(1) 人员数量应符合法定要求,并满足工作需要。

(2) 人员素质、学历专业、知识结构、从业经历、个性特点等符合岗位需求,并易形成整体合力。

(3) 企业要畅通员工发展通道,建立人才梯次培养机制。

(4) 要建立常态化教育培训体系,持续提升管理及作业人员的安全意识和履职能力。

目前建筑企业普遍存在规模扩张较快,导致管理资源明显摊薄、项目经理等关键岗位人才缺乏、技术人员普遍缺乏经验、安全专职人员成长通道不顺畅等突出问题。企业应站在企业生存发展的战略高度,树立长期思维,进行深入思考和系统规划,从人才的引进、选用、培养、激励、淘汰和梯队建设等各个环节采取有效措施,破解人才队伍建设的瓶颈问题,为企业安全发展提供长期动力和根本支撑。

### 四、制度设计

功能、机构、人员明确之后,需要明确一定的管理规则,这个规则就是管理制度。管理制度的设计和完善,一是要有实效性,所有管理制度应能明确回答做什么、为什么要做、怎么做、以什么标准去做、谁去做、做好了怎么样、做不好怎么样等基本问题;二是要有系统性,所有管理制度都不是孤立存在的，都是服务于整个管理系统的；三是要有可操作性，必须具备基本的执行条件，必须接地气；四是要有适用性，应符合规律、符合企业实际、符合时间段特点、符合上级管理要求等。

目前建筑企业较普遍存在安全生产管理制度层次界面不清、名目繁多杂乱、未能及时更新、习惯照抄照搬、可操作性不强等突出问题，这种情况在工程项目部层面尤其严重。企业各层级应定期对各系统的管理制度进行梳理、修订、整合和优化。企业的安全生产管理制度大体可分为综合类、专项类和标准类三个主要类别。综合类管理制度是指企业安全生产管理的"总制度"，是企业安全生产管理的纲领性文件；专项类管理制度是企业针对某一类、某一项重点工作制定的管理规则；标准类是指企业针对重要板块、重要领域等制定的企业标准。

工程项目部是建筑企业的基层组织，其主要功能定位是做好制度的执行和落地，可不再全面重新制定安全生产管理制度，而应重点根据上级企业制定的工程项目安全生产管理制度，结合项目实际和建设单位要求，细化安全生产管理工作细则，也可以称为安全生产管理工作手册。如：上级公司的管理制度要明确管什么、谁来管、怎么管，项目部的工作细则要对"管什么"明确到具体工点、工序或班组，对"谁来管"明确到具体岗位人员，对"怎么管"明确到时间点、频次周期、工作标准、具体方法及工作要求等。

## 五、运行机制

运行机制是指具体的管理举措和方法手段，是各级管理人员能否落实管理制度的关键，是每个系统及系统之间能否正常、有效、高效运转的核心，也是各个企业的组织机构、人员配置、管理制度等情况虽然类似但工作成效却差别很大的主要原因。各层级、各系统、各单位应根据各自的功能定位、管理制度等梳理、细化、完善各自的运行机制。主要应把握以下三个基本原则：

（1）要和管理制度有效衔接，运行机制就是有效执行管理制度的方法和手段，是管理制度的动态延伸。

（2）运行机制应看得见、摸得着、可操作、能执行、接地气、重实效。

（3）运行机制应配套相应的管理工具（如检查表、卡控表、签证单等），以确保机制能有效落地运行。

目前建筑企业普遍存在对运行机制认知不够的问题，未把管理制度延伸、细化形成完善、有效、系统性的运行机制，造成管理制度缺乏落实执行的有效抓手。各企业、各层级的运行机制千差万别，运行质量和成效差异极大。企业应高度重视运行机制的建立和完善，根据功能定位和责任分工，把各项管理制度延伸、细化成相对应的运行机制。首先，根据相关法律要求，企业应建立风险分级管控和隐患排查治理双重预防机制；其次，根据建筑行业特点，可按照工程项目全生命周期的维度建立相关的运行机制；同时，企业应分层级按照时间维度建立各层级、各系统及层级系统间的运行机制。

运行机制是系统组成和体系运行的核心要素，是安全生产管理体系运行的落脚点，也是决定体系运行质量和成效的关键要素。

## 六、考核评价

考核评价是促进和保障体系有效运转，确保管理制度和运行机制落实执行，机构和人员充分履职的重要手段。主要应把握以下四个基本原则：

（1）考核评价的方法、指标、规则应围绕企业总体安全目标和管理体系运行，进行合理设置。

（2）不能仅仅强调以结果为导向的事后追责，应当建立过程考核与事故考核相结合的安全生产考核体系，并逐步强化体系运行过程中的检查、评价、考核和奖惩。

（3）不能"只罚不奖"，要做到奖励与处罚并重。

（4）要强化结果运用，考核评价结果应与绩效薪酬、评先评优、干部任用等充分挂钩，并与纪检监察、审计监督、巡视巡察等监督手段建立工作接口机制。

目前建筑企业在安全生产考核奖惩中普遍存在重结果轻过程、处罚多激励少、执行刚性不足等问题，可按照以下"四强化、四做到"的原则进行系统梳理，以全面提升考核评价工作成效：

（1）强化管理过程的考核评价，做到关口前移，严管过程。

（2）强化正向激励的措施创新，做到奖惩并重，激发活力。

（3）强化检查考评的结果运用，做到多措并举，系统联动。

（4）强化事故处理的严肃追责，做到有责必究，严查严办。

## 第四章 企业安全生产管理体系构建

功能定位、机构设置、人员管理、制度设计、运行机制、考核评价六个要素是企业管理系统的主要组成部分，六个要素之间有机联系、互相作用，构成系统的统一整体，如图4-2所示。

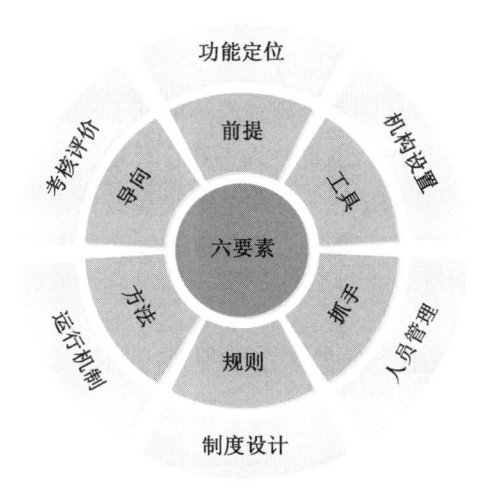

图4-2 要素关系

从管理系统内在逻辑的视角来说：功能定位是管理系统的前提，机构设置是履行职责的工具，人员是机构管理的抓手，制度是机构设置和人员管理实现职责的规则，运行机制是制度得以有效落实的方法，考核评价是整个系统的管理导向。六个要素形成系统管理的闭环。

从系统管理的基本原理可知，系统由功能、要素和联系组成，运行机制驱动系统高效地运行，而厘清系统的接口才能建立系统间的联系。在企业安全生产实践中，往往系统的接口问题是最考验管理者系统认知和管理水平的。因此，本章节后面将从厘清系统接口的角度阐述管理决策系统、"生产线"系统、安全监督系统等六大系统的构建。

## 第二节 企业安全生产管理体系

企业系统管理基础理论、安全管理系统观以及SESP系统理论是企业安全管理体系构建和运行的理论和逻辑基础。在管理实践层面，建筑企业的安全生产管理体系应如何构建呢？

体系一词，在《现代汉语词典》中释义为：若干有关事物或某些意识互相联系而构成的一个整体。从本质上来说，体系就是不同系统组成的系统，是不同子系统组成的更大系统。企业的安全生产管理体系就是指围绕企业的安全生产目标，由企业的各个管理层级、各个管理系统互相联系所组成的整体。也就是说企业安全生产管理体系也具备系统的基本特征和基本要素。

企业安全管理过程中，包含"人、物、环境、管理"四个主要要素，"管理"要素是贯穿全过程的主线。"人"主要靠文化，"物""环境"主要靠科技，"管理"主要靠体系。因此，本章的研究重点是以体系构建为重点，解决"管理"的问题。

## 一、企业安全生产管理体系的基本要求

### 1. 目的性

安全生产管理体系由管理决策系统、"生产线"系统、"协同保障"系统、安全监督系统、工程应急系统和事故处置系统组成，本身就具备系统的所有特征，从某种意义上说，它是一个更大的系统。所以，它也具备系统的目的性特征，遵循一个系统只有一个目的，其子系统要围绕这个目的形成合力，统筹运动。实现企业本质安全就是安全生产管理体系的目标，或者说方向。这个整体目标的实现必须坚持系统观念，或者说企业安全生产管理体系必须在安全生产系统观的引领下实现其整体目标。

### 2. 组织性

由两个及以上的人为了实现他们共同的目标，遵循一定活动规律结合在一起的一种群体，就构成了组织。从某种意义上说，复杂的体系能够不断适应新的环境，就是它们具有学习、多元化、复杂化和进化的能力，称为组织性。安全管理体系能够正常运转也应具备这种组织性。第一章"生产线"演绎的管理决策系统，就具备了组织性，因此体系的秩序才会更好，安全管理活动才能更加有序、高效地完成。

### 3. 层级性

一般来说，一个大的体系中包含很多子系统，一些子系统又可以分解成更多更小的子系统。例如，安全生产管理体系包含六大系统，其中的"生产线"

系统又可分成技术保障系统、物资设备系统等；项目部、工程部是子分公司工程部的一个子系统，子分公司工程部又是二级公司工程部的一个子系统，以此类推。系统和子系统的这种包含和生成关系，称为层级性。

在具有层级性的安全管理体系中，各个子系统内部的联系要多于并强于子系统之间的联系。如果层级中每个层级内部和层级之间的运行机制合理的话，反馈延迟会大大减小，体系的运行效率和适应性将大大增强。

一般来说，层级是自下而上进化的，从局部到整体，上一层级的目的是服务下一层级的，层级组织是服务最底层，而非最顶层。层级性最初的目的是帮助各个子系统更好地工作，但现实中，往往层级越高或者越低，就越容易忽视这一目的；层级越多，体系的功能越容易失调，从而不能达到预定目标。对于大型建筑企业，往往层级会达到 4~5 级，这给企业整个安全管理体系的运行带来了巨大挑战。

如果上一层级对下一层级不能有效管控和帮助，放之任之，就会造成"两张皮"现象。当然，与之对应的中央控制也同样有害。如果最高层级直接控制最低层级，或者上一层级过度控制下一层级，必然导致体系各层级功能紊乱，从而引发一次次的管理灾难。所以，要想让安全生产管理体系高效运转，层级结构必须很好地平衡整体体系和各子系统的权责利（权力、责任和利益）。也就是说，既要有足够的中央控制来协调整体目标实现，又要让各子系统有足够的自主权来维持子系统的活力、功能和组织性。

**4. 开放性**

企业安全生产管理体系离不开社会环境和市场环境，与社会、市场和用户有着密切联系，目的是实现企业与外部环境的动态平衡。它是一个开放性的体系，属于企业内控体系。对企业安全生产产生影响的地方政府、设计单位、监理单位、行业主管部门、地方产权单位等构成一个有机整体，称为"外部安全体系"。

**5. 适应性**

从生物学角度来看，体系的适应性指的是在多变的环境中保持自身生存的能力，遇到外界风险打击时快速的修复能力，以及自身为了适应更为复杂的环境时具备的进化能力。

企业安全生产管理体系也应具备适应性，这也是体系的开放性带来的属性需求。

"生产线"系统由技术保障、物资设备、生产组织等子系统构成，涵盖了生产全要素，是安全生产管理体系的生存基础，是整个体系的主体。这些要素的工作能力决定了体系的生存能力。

工程应急和事故处置两个子系统，它反映的就是企业面临外界风险挑战时的快速反应、快速处置、快速止损、快速恢复的一种能力体现。从某种意义上说，它的能力体现也是生产要素系统动态组合的能力体现。

安全监督系统是通过其他系统进行全过程、全员、全要素的监督，促使企业在面临新风险、新挑战时能够不断完善自身，持续提升，不断进化，从而演变成一个新的结构或者新的行为模式，来抵御更大更强的外界风险。因此，它是整个体系的"监督者""催化剂"，它的能力就是体系进化能力的体现。

**6. 动态性**

体系时刻处于运动、变化的状态。马克思主义哲学中也有运动是绝对的，静止是相对的观点。安全生产管理也是这样，企业和项目面对的安全风险、施工现场的外部环境、物资设备的技术状况、相关人员的思想意识、管理团队的工作状态等因素随时处于动态变化的过程中，所以必须以动态的思维进行体系的运行和管理，动态地进行风险辨识、措施优化和分析评价，加强系统反馈，持续进行改进。

要想实现体系由静态转向动态，运行机制是驱动体系运行的主要方式和途径。

## 二、企业本质安全生产管理体系架构

**1. 体系组成架构**

基于"生产线"演绎法和企业本质安全体系的基本要求，所要构建的企业本质安全生产管理体系由管理决策系统、"生产线"系统、"协同保障"系统、安全监督系统、工程应急系统和事故处置系统六大系统和运行机制构成，如图4-3所示。

构建的企业本质安全生产管理体系具有明显的社会属性，它与企业外部的安全体系相互作用，并适应或匹配外部体系的属性需求。企业本质安全生产管理体系通过运行机制驱动六大系统高效运行。

## 第四章 企业安全生产管理体系构建

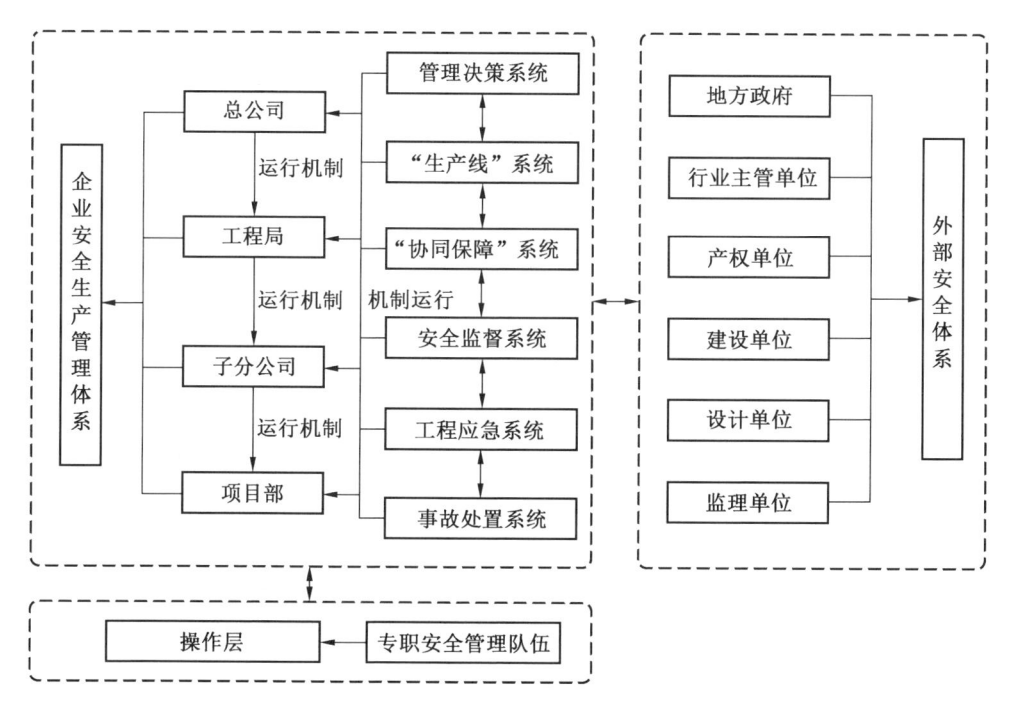

图 4-3 企业本质安全生产管理体系

工程应急系统和事故处置系统由生产管理系统中的各种要素动态组合而成。而安全监督系统是独立于"生产线"系统之外，其主要职责是对其他系统的体系运行和职责履行情况进行全过程、全要素和全员的监督。管理决策系统是企业安全生产管理重要事项的决策机构，其组成包括"生产线"系统和安全监督系统的相关负责人。

六大系统各有侧重、分工协作，构成完整的安全管理链条。管理决策系统重点负责安全生产管理的决策事项；"生产线"系统和"协同保障"系统重点负责生产全过程的管控；安全监督系统重点负责全过程的监督；工程应急系统和事故处置系统重点负责突发事件和事故全过程的应急管理和事故处置。

### 2. 体系的层级与定位

大型建筑企业管理层级较多，一般有 4~5 级，管理链条较长，因此，需对各个层级在安全管理中的层级定位进行清晰界定，形成合理的责任边界，这是安全生产管理体系有效构建和高效运行的前提和基础。

另外，从体系的基本组成出发，以纵向（管理层级）、横向（管理系统）两个维度进行梳理和构建，以管理层级为四级的大型建筑企业为例，如图4-4所示。在纵向上，明确各个主要管理层级的层级定位；在横向上，厘清各个层级的管理决策系统、"生产线"系统、"协同保障"系统、安全监督系统、工程应急系统和事故处置系统六大系统的基本要素。

| 层级定位 | 层级 | 六大系统 |
|---|---|---|
| 引领 | 总公司 | 管理决策系统 |
|  |  | "生产线"系统 |
| 监管 | 工程局 | "协同保障"系统 |
| 管理 | 子分公司 | 安全监督系统 |
|  |  | 工程应急系统 |
| 执行 | 项目部 | 事故处置系统 |

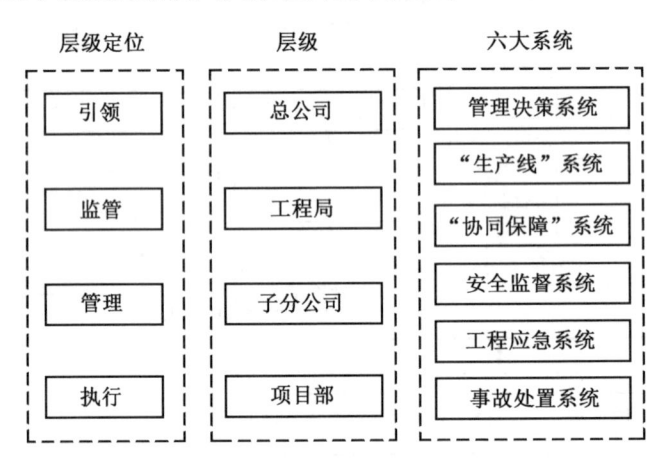

图 4-4 体系层级与系统要素图

按照大型建筑企业的层级特点，层级划分为总公司-工程局-子分公司-项目部四个层级，同时对各管理层级的层级定位进行明确界定，做到各有侧重、逐级负责，共同构建企业"大安全"管理体系。

1）总公司

总公司安全生产管理层级定位是"引领、规划、监督"。作为企业安全管理的引领层，总公司层面"要管理，更要监督"。在管理方面，要重点做好战略规划、顶层设计、制度优化、贯彻法律法规、业务监督指导、宣贯培训等工作。在监督方面，要重点监督所属企业"大安全"系统体系运行情况，以及重点项目、重大安全风险管控情况。

2）工程局

工程局安全生产管理层级定位是"规划、管理、监督"。作为安全管理的主导层，工程局"要管理，也要监督"。在管理方面，应以要素管理为核心，重点做好以下工作：一是公司安全管理体系构建和制度设计；二是生产组织、施工技术、物资设备、分包管理等各类生产要素的全过程管控;三是重点项目管理策划、过程管控及考核奖惩。在监督方面,重点监督所属子分公司及重点项目的"大安全"管理体系运行情况,开展项目安全隐患排查治理。

3) 子分公司

子分公司安全生产管理层级定位是"管理、帮扶、纠偏"。作为安全管理的管控层,应全面履行管理主体责任,以项目管理为核心开展工作。围绕项目管理目标的实现,运用项目策划、资源配置、机制构建、培训宣贯、督导推进、梳理分析、检查纠偏、考核奖惩等主要工作方法实现公司和项目管理目标。

4) 项目部

工程项目部安全生产管理层级定位是"贯彻、落实、执行"。作为安全生产监督的终端和执行层,工程项目部应严格细化和执行上级单位的各项管理制度,以"项目安全管理深度策划"为前提,以"风险–隐患–险情–事故"链条为主线,以"运行机制"为抓手,以分包单位安全管理为重点,以辨识评估、措施制定、责任明确、培训交底、过程卡控、检查整改、考核奖惩、应急处置为关键环节,抓好生产组织、施工技术、物资设备、分包管理、安全监督等生产要素的全过程管理,确保施工现场风险可控。

## 第三节 "大安全"生产系统构建要点

### 一、管理决策系统

在还原工程建造生产活动过程中,定义的第一个系统就是管理决策系统,此系统在建筑企业发挥着至关重要的作用,它是企业管理的源头,是企业安全生产管理的"神经中枢",深刻影响着安全管理体系运转,但往往它又是"隐性"的,容易被忽视,不易被具象化。管理决策系统主要功能是为实现企业管理目标,对项目管理模式、项目定位、项目重要资源配置等事项进行科学合理决策。

**1. 健全机构**

在建筑企业法人治理结构中,已经运行的有总经理办公会、党委会和董事会等决策机构，这些决策机构在绝大多数建筑企业都能够规范运行。企业的安全生产战略规划、顶层设计、安全生产规章制度、重要安全生产专项行动方案等事项一般都在以上决策机构进行决策，但是有些影响安全生产的决策事项，比如项目管理模式、项目定位（盈利/创誉/利誉并重）、项目资源配置等事项不在上述决策机构决策事项范围内，往往是企业的"关键少数"说了算，而非集体决策。

因此，企业应该在上述决策机构之外，建立企业管理委员会和项目管理委员会（简称企管会和项管会），对影响安全生产且又极易被忽视的项目管理模式、定位、资源配置等事项进行决策，减少和降低以上事项对安全生产带来的潜在安全生产源头隐患。

**2. 规范运行**

建筑企业传统的管理"弊病"就是在现有的决策机构之外，一些重要的安全生产事项由"关键少数"说了算，优点是没有烦琐的决策程序，决策效率高，缺点是凭"关键少数"个人经验进行决策，容易造成决策失误或不当，从而引发生产安全问题。而现实往往是发生生产安全事故以后，分析事故原因不会往这上面分析，从而导致类似的事故还会发生。因此，为规范决策运行机制，企业可以借鉴总经理办公会或党委会做法，即在此基础上，为提高决策工作效率，不影响项目正常施工生产工作的前提下，分类明确决策程序、决策工作标准、决策时效、参与决策人员和机动决策等事项的具体管理办法，建立决策人才资源库（包括企业内部专家、外部专家等）。

**3. 决策事项**

管理决策系统要对战略规划、顶层设计、企业安全生产规章制度、项目管理模式、项目定位、组建项目管理团队、项目资源配置、考核模式等事项进行决策，这些事项均直接或间接影响施工生产安全，其中战略规划、顶层设计、企业安全生产规章制度等事项在绝大多数建筑企业均比较规范，那么，确定项目管理模式、项目定位、组建项目管理团队、资源配置方案、考核模式等事项应纳入企管会或项管会决策事项。

1）确定项目管理模式

大型建筑企业具有规模大、专业分工细等特点，二级企业工程局有综合施工局也有专业工程局，三级企业子分公司有专业型公司也有综合型公司，所中标的工程项目往往体量较大、涉及专业较多，工程项目类型常见的有工程总承包项目、施工总承包项目和专业承包项目等，常采用的工程项目管理模式有局指挥部模式、代局指挥部模式、工程项目经理部（一般指相对较小的标段工程或单体项目）模式等。

对于相对规模较大、涵盖工程专业类别较多的工程项目，是选择局指挥部模式还是代局指挥部模式，工程局层级的决策机构要进行充分评估和决策。假如选择一个只有四五百人的子分公司进行代局指挥部模式施工，管理能力、管理资源、对外衔接等是否能满足履约要求、安全生产需要、企业平安发展要求等，这些事项都要进行管理决策；而对于子分公司独立中标的工程项目在确定项目模式时，是采取片区集群化管理，还是设置独立的工程项目部也要进行管理决策。

2）确定项目定位

一个工程项目中标以后，无论对于工程局还是所属子分公司，都要确定其项目定位，也就是项目的管理目标或功能，是创誉还是创效，或者是利誉并重。企业中标一个新兴领域工程项目，如果想在这个领域持续发展，应该是以创誉为主，因为要拓宽市场，增加知名度；但是如果中标企业已经具备较高知名度、良好信誉，那么对于项目的定位可能是以创利为主或者利誉并重。

3）组建项目管理团队

项目管理团队是否有类似工程施工经验，项目班子管理人员之间技术水平、施工组织经验等方面能力是否互补，这些对于项目能否安全生产至关重要；而往往一个建筑企业在组建项目管理团队时，特别是项目班子成员的选择上往往是由"关键少数"说了算。所以，项目经理是否有类似工程施工经验，项目总工程师是否与项目经理技术能力互补，生产副经理岗位的选定是否"盲人摸象"，或者仅为"少数管理者"推荐，这些都应纳入管理决策系统进行决策。

4）确定资源配置方案

建筑企业生产实践中，由于生产资源配置不合理，常采用"添油战术"。在对劳动力、机械设备、周转材料等主要生产资源的配置过程中，评估判断不科学、不合理，前期配置不足，后期加倍投入，导致安全风险、成本投入的增加。但往往"生产线"的选定、主要机械设备的配置、分包队伍的选定权力不在工程项目部，而在上级公司，资源配置是否科学合理也往往没有一个决策机构对其进行评估。因此，工程局、子分公司的管理决策系统应将其纳入决策事项，降低因资源配置不科学、不及时等增加的生产安全风险。

5）确定考核模式

考核模式的确定是管理活动和管理行为的指挥棒，也是管理活动和管理行为能否有效落实的重要保障，模式确定得是否合理与项目定位或功能息息相关。管理决策系统应以安全管理业绩和项目定位功能为主要导向，遵循"指标明确、便于实施、严格考核、及时兑现"等基本原则，摒弃"只重结果、不重过程""不出事故就万事大吉""只罚款不奖励、严约束少激励"思想，抓住以人为本的基本需要，充分调动管理人员的积极性、创造性、主观能动性和责任感。

## 二、"生产线"系统

安全生产是一项系统工程，"生产线"系统包含了生产组织、技术保障、物资设备、分包管理等子系统，各管理子系统均发挥着不可或缺的作用。"生产线"系统中每个子系统的构建都应围绕功能定位、机构设置、人员管理、制定设计、运行机制和考核评价六个基本要素进行构建，就是运用系统思维，从系统的要素、联系和功能上进行构建。本章主要是针对各系统构建生产安全的重点事项进行阐述，目的就是用系统的手段和方法构建"大安全"生产保障体系，为建筑企业构建安全生产系统观提供一种思路和工作方法，破解安全管理瓶颈难题。

**1. 生产组织子系统**

生产组织子系统的主要功能是科学规划施工单元及专业接口，依规动态管理、均衡施工生产、合理资源配置，与安全生产密切关联，"安全"与"生产"两者互相影响、相互交融，有序均衡、节奏顺畅的生产组织是安全生产的基本保证；反之，如果施工节奏紊乱、工序转换混乱、频频窝工抢工、人员进出场频繁，则会带来额外的安全风险，更容易引发生产安全事故。

1）功能定位

不同管理层级生产组织功能定位侧重点不同，总公司层级侧重于下达指标、统计、分析、通报和考核。工程局主要功能是统筹子分公司生产任务划分、调整，重要生产资源统筹，生产管理业务标准的制定、认定及指导、考核等。子分公司主要统筹公司管理资源的配备，下达项目生产管理指标，组织推进和考核，并确定公司和项目部生产组织管理工作的界面、流程和业务逻辑关系。工程项目部主要功能定位是以履约为前提，按照上级公司下达的管理目标，分解细化施工任务、划定责任人、明确管理职责、组织均衡生产。

2）机构设置

生产组织是工程项目管理的主线，不同于其他子系统，直接影响项目工期、成本和安全，缩短该系统的指挥路径，纵向贯通、横向协同、穿透式管理尤为重要。因此对于不同层级生产组织子系统的机构设置应遵循上述原则，以不同层级功能定位为导向，规避企业"管理大包"。比如工程局按照功能定位应负责大宗物资的战略采购、大型设备的统筹与调配、施工任务划分与调整等，但却为了管理方便，直接委托子分公司自行管理，公司间自行协调，这极有可能导致问题信息不能真实反映到工程局，公司间推诿扯皮、内耗严重，导致上级生产组织管理失能，系统失效。

3）人员配置

哪怕是同一个子系统，不同管理层级人员配置的侧重点也会有所不同，对于生产组织子系统的人员配置关键在项目层级。项目现场施工组织和管理是真正落实项目各项管理目标的重要环节，项目生产副经理、工区长、施工员是执行生产管理的主要人员，目前绝大多数建筑企业对此类人员的归口管理、职业资格和考核评价缺乏规范管理。例如，生产组织管理人员往往对应不到上级公司的管理部门；建筑企业在进行项目生产管理人员选配阶段，往往仅从有生产组织经验的人员中选取生产副经理，忽视了对生产管理人员技术、安全管理能力的认定。如果一个复杂地质隧道、高大深水桥梁选取生产管理人员，仅凭具备施工经验还远远不够，还应具备相应技术管理经历、安全管理能力。在公司管理层面，生产组织子系统的人员配置上理应更具备生产管理综合能力，可分专业配置专职人员，也可设综合岗，根据企业的功能定位和管理实际进行确定。

4）管理制度

生产组织子系统重要的管理制度有项目管理策划制度、施工组织设计制度、施工计划管理制度、进度分级预警制度（表4-1），以上这些制度不同管理层级应按照层级定位制定和细化本级企业的配套制度。

表4-1 生产组织子系统制度清单

| 序号 | 制度名称 | 制度核心要点 |
| --- | --- | --- |
| 1 | 项目管理策划制度 | 项目策划是项目管理的纲领性文件，主要任务是明确各项管理目标，规划实施各项目标的思路、措施和计划 |
| 2 | 施工组织设计制度 | 施工组织设计是项目实施的纲领性文件，统领施工生产。应实行分级管理、分级评审、动态调整 |
| 3 | 施工计划管理制度 | 制定计划管理工作标准、工作流程、反馈回路，明确各层级生产任务、指标细化重点 |
| 4 | 进度分级预警制度 | 制定施工进度、关键线路、节点工期及滞后时间等具体情况的分级标准、响应等级、预警措施等 |

5）重要机制

生产组织子系统重要的工作机制（表4-2）按照公司层面和工程项目层面两个维度进行划分。在工程项目层面的主要工作机制是班前安全讲话、碰头会、周例会、月度安全生产会、领导带班生产、跟班作业和关键工序签证等。在公司层面主要工作机制是月度安全生产例会、月度或季度对全公司的生产组织进行系统分析梳理。

表4-2 重要工作机制清单

| 序号 | 运行机制 | 频次 | 核心要点 | 运行层级 |
| --- | --- | --- | --- | --- |
| 1 | 班前安全讲话 | 每日 | 每日班前组织进行班前安全讲话，明确当班施工内容及安全生产控制要求及注意事项 | 项目层面 |
| 2 | 碰头会 | 每日 | 每日下班前或夜间组织生产管理相关人员召开碰头会，总结当日施工安全状况，分析、解决当日安全问题，布置次日安全事项 | 项目层面 |

表 4-2（续）

| 序号 | 运行机制 | 频次 | 核心要点 | 运行层级 |
|---|---|---|---|---|
| 3 | 周例会 | 每周 | 分析项目本周安全状况，通报发现的问题及整改情况，提出系统性隐患的改进措施，针对危大工程和风险工序制定下周风险控制及盯控计划 | 项目层面 |
| 4 | 领导带班生产 | 常态化 | 根据项目安全管理深度策划，领导班子成员按计划进行现场作业带班 | 项目层面 |
| 5 | 跟班作业 | 常态化 | 梳理本项目关键工序、特殊过程及风险工序，列出清单，明确责任人及盯控内容，实施跟班作业 | 项目层面 |
| 6 | 关键工序签证 | 常态化 | 对存在较大安全风险的工序（如吊装、动火、挂篮行走系统等）交接实施验收签证制度 | 项目层面 |
| 7 | 月度安全生产（例）会 | 月度 | 通报、梳理、分析上月生产组织及安全管控情况，查找问题，制定措施；安排部署本月生产组织及安全工作 | 公司层面 项目层面 |
| 8 | 生产组织梳理分析 | 月度/季度 | 对所属重难点项目现阶段生产组织的资源配置、过程管理、工期比较等情况进行梳理，查找分析问题，提出解决意见 | 公司层面 |

6）考核评价

公司层级应建立完善项目生产考核激励机制，制定相应政策，为工程项目提供制度支撑。考核要与项目生产管理人员的个人薪酬挂钩，强化正向激励，做到精神激励和物质奖励并重，增强施工生产人员的事业心、责任心和进取心，促进施工生产管理人员的业务素质和综合能力快速提升。

**2. 技术保障子系统**

技术是企业核心竞争力的重要体现，是驱动企业发展的决定性因素，在企业发展中起着关键支撑和引领保障作用；技术管理是建筑企业各项管理工作的基础和前提，技术保障子系统的构建质量，将直接影响企业产品实现能力、履约创效能力和安全保障能力。

1）重要地位

在业务功能上，技术管理是工程项目管理最基础、最核心的工作，是安全、质量、进度、成本等各个板块管理工作的基础，通过健全技术体系，强化运行机制，构建全过程技术先导、方案主导、层级支撑、技术创新等系统能力，为企业和工程项目安全管理目标的实现提供强有力支撑。

在管理地位上，各大型建筑业企业技术保障子系统的地位举足轻重。从技术保障子系统功能、企业专业技术人员占比、技术人才队伍建设、企业管理层人员结构等方面均不难看出技术保障子系统是企业的核心"主干路"和安全发展的"压舱石"。

2）功能定位

以四个不同层级的技术管理功能定位为例。总公司作为企业的战略引领、监督、指导层，主要负责企业技术战略规划和技术体系建设的顶层设计，指导监督工程局技术体系的建设和运行，组建总公司层级专家团队，解决系统性重大技术难题，对存在的疑难杂症等技术问题进行把脉问诊。工程局负责本企业技术体系的建设和运行，督导三级公司和重点项目技术体系运行，履行施工调查、方案分级管理审批职责，组织对现场重大技术问题的会诊和处置等，推广科技创新。子分公司负责指导建立项目技术管理体系，聚焦项目技术管理，落实技术管理资源，对所有项目的技术体系运行进行检查、指导和帮扶。工程项目部重在执行，抓好勘察设计文件审核、施组方案、技术交底、施工测量、试验检测等各项技术基础工作。

3）专业队伍建设

专业技术队伍人才建设的重要性毋庸置疑，对于优秀毕业生，企业如何招得来、留得住、用得好，不同的建筑企业所采用的制度保障机制也有所不同，但是无论怎样的建筑企业，都应建立人才成长激励和物质奖励相结合机制，激发技术人员的正向效应。企业应当用接地气、看得见、摸得着的方式方法，差异化、有目标地培养人才，为其提供良好的事业发展空间。反过来说，如果对企业没有较强的获得感、成就感、自豪感和认同感，"人才培养、事业愿景"最终也就沦为一句口号，只有企业制定的人才战略政策切实执行和压实，环境待遇的尊重、岗位历练的培育、"传帮带"政策的延续、业绩导向的激励、职

## 第四章　企业安全生产管理体系构建

务晋升的渠道才能真正落地，企业才会形成良性技术人才梯队建设。

4）重要管理制度

在"生产线"系统各子系统中，技术保障子系统涉及的管理制度相对较多，制度体系是否建立健全、是否接地气、是否可执行，对项目安全生产具有一定影响。因此，技术保障子系统应建立健全以督导、组织、帮扶、规则、"要素"建设、"连接"机制、决策与执行等系统为核心的技术制度体系，应制定施工技术工作管理总办法，也就是总制度，建立健全包括但不限于工程项目实施性施工组织设计管理办法、危险性较大分部分项工程管理办法、工程项目安全风险分级管控办法、临时工程、设施设计鉴定管理办法、试验检测管理办法、监控量测工作管理办法等专项制度，分专业制定企业内部技术控制标准（如可按房建工程、桥梁工程、隧道工程等进行制定），见表4-3。

表4-3　技术保障子系统制度清单

| 序号 | 制度名称 | 制度核心要点 |
| --- | --- | --- |
| 1 | 施工技术工作管理总办法 | 明确畅通、快捷的信息渠道，形成横向到边、纵向到底、统一有效的技术管理网络体制，是总制度。明确各级技术保障系统的职责和职权、基本技术管理制度清单、施工技术管理基础工作标准等 |
| 2 | 工程项目实施性施工组织设计管理办法 | 指导工程项目施工的纲领性文件，在施工全过程中为工程实行科学管理提供可靠的技术支持，按照管理层次、工程项目规模一般分为指导性施工组织设计、总体实施性施工组织设计、单位工程实施性施工组织设计。依据实施性施工组织设计对分部分项工程编制专项施工方案。明确层级审核职责、程序、时限等 |
| 3 | 危险性较大分部分项工程管理办法 | 危险性较大及以上的分部分项工程编制安全专项施工方案，按照分级审查的规定报审，并组织专家会论证，明确层级审核职责、程序、时限等 |
| 4 | 工程项目安全风险分级管控办法 | 对风险辨识评估、等级判定、技术预控措施制定等方面明确组织方式、程序、标准、参与系统人员及职责等 |
| 5 | 临时工程、设施设计鉴定管理办法 | 临时工程建设应遵循"布局合理、功能齐备、结构安全、经济适用"原则进行选址、规划和设计；对临时设施设计、鉴定实行的分级管理、鉴定程序、参与的系统部门进行规定，对施工临时设施进行分类，明确鉴定范围和工作内容等 |

表 4-3（续）

| 序号 | 制度名称 | 制度核心要点 |
|---|---|---|
| 6 | 试验检测管理办法 | 明确不同层级职责、机构等，对工地试验室的授权管理、检测设备管理、原材料检测管理、混凝土配合比管理、实体检测管理等工作内容、工作程序和工作标准进行规定 |
| 7 | 监控量测工作管理办法 | 对监控量测目的、责任及工作要求、监测频率、监测工作程序、预警分级响应、施工监测方案编写要求等进行规定 |
| 8 | 技术控制标准 | 可按房建工程、桥梁工程、隧道工程、临时工程等专业制定技术控制标准，用于技术人员进行现场管控 |

5）关键工作机制

技术保障子系统能否起到支撑引领作用，技术管理体系能否有效运行，工作机制是重要抓手。同时因技术管理工作的重要性，此部分以四个不同层级的技术管理职能定位为例，阐述总公司、工程局、子分公司和工程项目部四个层级包括但不限的技术管理主要工作机制，包括对技术体系督导、安全风险辨识评估、技术方案安全措施梳理分析、技术安全例会、隐蔽工程旁站、关键工序验收等定期或常态化工作机制，见表 4-4。除此之外，项目策划中技术安全措施的落地实施、危大工程专项方案管理、图纸审核、安全技术交底、首件工程样板创建等，都是技术保障子系统的常态化工作机制，将直接或间接影响安全生产工作。

表 4-4 重要工作机制清单

| 序号 | 运行机制 | 频次 | 核心要点 | 运行层级 |
|---|---|---|---|---|
| 1 | 技术体系督导 | 常态化 | 负责监督检查和考核评价工程局、本级项目技术体系的建设和运行 | 总公司 |
| | | 常态化 | 负责监督检查和考核评价子分公司、重点项目技术体系的建设和运行 | 工程局 |
| | | 常态化 | 对所属所有工程项目技术体系的建设和运行进行指导、帮扶、纠偏和补位 | 子分公司 |

表 4-4（续）

| 序号 | 运行机制 | 频次 | 核心要点 | 运行层级 |
|---|---|---|---|---|
| 2 | 安全风险辨识评估 | 不定期 | 评估系统性重大技术难题、对存在的疑难杂症等技术问题进行把脉问诊 | 总公司层面 |
| | | 月度/季度 | 按照分级原则，评估项目安全风险，进行等级划分，制定预控措施，形成风险分级管控清单 | 工程局层面 子分公司层面 项目部层面 |
| 3 | 技术方案安全措施梳理分析 | 月度/季度 | 对技术方案安全措施的编制、评审、执行情况进行梳理分析，查找问题，提出解决意见 | 工程局层面 子分公司层面 |
| 4 | 技术安全例会 | 周/月度 | 总结当前技术工作情况，针对存在的重大技术安全风险、突出问题进行系统分析，总结经验教训，动态调整技术防范措施 | 项目部层面 |
| 5 | 隐蔽工程旁站 | 常态化 | 工程项目技术保障系统对单位工程的隐蔽工序进行划分，明确旁站工序责任人、责任领导、工作标准、工作要求等。上级公司技术保障系统进行审核、督办，并提供技术支撑 | 项目部层面 |
| 6 | 关键工序验收 | 常态化 | 对涉及影响施工安全、产品使用安全的关键工序进行条件核查，验收安全保障措施是否落实到位，并及时进行纠偏 | 项目部层面 |

6）技术创新支撑

科技保安全、技术创新是实现本质安全的途径之一，各层级公司层面应建立健全长效激励机制，在设计优化、方案优化、施组优化、工艺创新、成果转化等方面持续发力，将安全生产与技术创新深度融合，对技术人员按贡献大小予以专项奖励并及时兑现，以充分调动技术保障子系统和关键创效人员的积极性，全面激发技术创新活力、动力和潜能。

**3. 物资设备子系统**

物资设备子系统在安全生产履职方面的主要功能是确保施工过程中所使用

的机械设备、物资材料做到进场合格、使用规范、过程可控。据不完全统计，近年来建筑行业里发生的生产安全事故，一半以上与机械设备的操作使用有关。同时，现场施工中常使用的支架、支护型钢等物资材料也直接影响生产安全。因此，实现对机械设备和物资材料的全过程规范管理，就能从很大程度上保证安全生产。以下主要针对物资设备子系统如何构建安全管理体系进行重点阐述。

1）建立合格供应商名录库制度

企业各层级应建立合格供应商名录，对所需的材料采购方案、机械设备配置方案进行深入调查研究：在材料采购方面，选择合格供应商中信誉好、长期合作的大型厂家；在机械设备方面，优先选用技术先进、性能良好、安全可靠的机械设备。在合格供应商名录中优先选用具备资质、信用良好、实力突出、售后服务较好、维保能力较强的机械设备供应商，从源头上有效管控安全风险。

2）分包设备纳入统一管理体系

企业和工程项目部应将分包企业自带的机械设备纳入工程项目部安全管理体系，比照企业自有机械设备进行统一标准、统一流程的全过程安全管理，并应在上级公司层面提供制度支撑。

3）安全生产履职体系构建要点

物资设备子系统的重点是按照设计图纸、规范标准对工程实体原材进行采购、配合检验和全过程验收，对机械设备、物资材料、周转材料（模板、支架、型钢等影响结构使用安全的）的采购租赁、进场验收、日常检查、过程使用、拆除处置等重点环节采取有效措施进行管控，防范生产安全风险。因此，以上这些事项应在构建物资设备子系统时，将其纳入管理体系。

**4. 分包管理子系统**

分包队伍和作业人员是安全管理的"最后一公尺"，现场的安全生产必须通过分包队伍和作业人员来实现。若分包队伍在企业信用、资源组织、自控能力等方面存在明显缺陷，安全生产的要求就不容易在作业现场有效落实，必然会极大地增加施工现场的安全风险和事故隐患。

我国建筑业推行分包制度后，在提高生产效率促进行业高速发展的同时，因管理跟不上而导致事故多发的问题也非常突出。实践中，只要是分包多的领域，就是事故多发的领域。企业中标工程后，经过层层分包，现场往往是"包工头"带队的零散用工，工人临时从社会上雇佣，甚至同时在几个项目上实行流水作业。加之企业盲目追求规模，甚至挂靠、出让资质，以包代管，施工现场看不到项目经理，管理人员不足，管不住、管不好分包队伍。为应对这种现实窘况，分包管理子系统应构建分包企业层级管控的顶层设计，完善分包企业管理的系统连接，将分包方纳入企业自控体系，构建企业专业化自有队伍。

1）层级功能定位

按照分级管理原则，企业各层级均有对分包管理工作履行组织、指导、监督检查和考核评价的职责。根据层级功能定位，总公司的主要职能是进行分包管理体系的顶层设计，负责指导监督工程局和直管项目开展分包管理策划，督促工程局加快培育优秀分包企业，定期不定期开展专项督查。工程局主要职能是在职权范围内开展分包企业注册准入、考核评价、资质等级评定和审核，组织分包管理策划，管理分包企业黑名单名录，督查指导项目将分包企业纳入统一管理。子分公司负责所属项目的分包管理策划，科学合理划分分包单元，依据权限进行合同评审，对项目分包管理常态化进行指导、帮扶和检查。工程项目作为执行层，落实上级制度要求，对分包企业进行全过程履约管理，纳入安全管理自控体系，对分包企业开展考核，落实黑名单管理制度，培育优秀分包企业。

2）构建核心层分包企业

建筑企业在引进分包企业参与建设工程过程中，基本都能够做到合同约定清晰，分包企业"纸面"业绩丰富，分包企业也能够"承诺"参与工程建设的施工作业人员经验丰富，绝对服从项目管理。但真正参与施工时，多会遇到分包队伍不服从项目管理、作业人员无相关施工经验，最终导致工程安全得不到有效保障，甚至发生生产安全事故。分包管理子系统应当分别培育总公司、工程局、子分公司等多层级长期合作的优秀分包企业，构建核心层分包企业，为工程项目部能够将分包企业纳入项目安全管理自控体系创造良好条件。

例如，将长期合作分包企业分为一级、二级、三级，一级为总公司管控，二级由工程局管控，三级由子分公司管控。但是一级、二级优秀分包企业是由子分公司培育使用验证后，按照分包企业履约管理情况实际，逐级向工程局、总公司进行推荐。分包企业的使用应在优秀分包企业资源库进行选取，发生过生产安全事故的分包企业应慎重选用，并根据事故的严重程度，纳入黑名单管理。

3）构建合作层分包企业

区域化经营已成为建筑企业的显著特点，一个工程项目中标以后，往往受各种外界因素限制，分包企业要在区域内进行选择，一旦选择不当，势必会给项目生产安全带来一定风险。因此，在区域内培养长期合作的紧密型优秀分包企业尤为重要，遵循"专业化、职业化、市场化方向，优中选优"的原则，与分包企业共同实现价值创造。

4）纳入企业自控体系

为便于现场一体化协同管理，分包企业应当纳入企业和所属工程项目部安全生产管理体系，分包管理子系统应当做好工程项目部分包管理策划工作，分包事项不宜大包，可采用多工序或单工序分包，更有利于安全生产管理。对分包企业人员履约、劳务工实名制、安全责任划分、安全考核、纳入企业一体化管理事项等应在合同中明确，并对现场管理人员进行合同交底，过程中督办、督促分包企业按照约定进行履约。

5）构建专业化自有队伍

分包管理子系统应当推动企业由农民工分包队伍向核心岗位自有工人队伍转变。随着工人老龄化进一步加剧，建筑工人规模逐渐减少，现有的"人海战术"已无法持续下去。企业可以通过培育自有建筑工人、吸纳高技能技术工人和职业院校毕业生等方式，建立核心技术工人自有队伍。可以考虑在每个班组配备一定数量的自有工人，带动班组整体行为，把安全管理"重心"放在班组。推动职业技能等级与劳动报酬挂钩的工作环境，让技术熟练、操作规范的自有工人获取更高的薪酬，增强自有工人接受安全培训教育的积极性。

## 三、"协同保障"系统

**1. 资金保障子系统**

工程项目的安全离不开资金，它是工程项目得以运转的"血液"，没有资金保障的工程项目，一定是举步维艰、步步艰险、隐患四起、险情不断。

企业的资金保障子系统一般是指财经部门。它对工程的安全影响主要在工装设备投入、安全措施费用以及劳务分包费用等方面。

1）工装设备投入

工装设备的投入在安全生产工作中具有重要影响和作用。"以工装保工艺、以工艺保质量、以质量保安全"。工装设备的投入与安全有着内在的必然联系。"机械化减人""机械化替人",从根本上降低人员伤害的可能性,这是建筑工程的安全发展方向和趋势。

2）安全措施费用

安全措施费用包括安全技术措施费用、安全防护设施费用、安全教育培训费用、应急管理的物资和设备费用等。安全措施费用应按照国家规定和工程合同依照"三同时"原则,依法合规足额使用。

3）劳务分包费用

劳务分包费用发放得及不及时、足不足额,直接影响作业层的劳动积极性和工作状态,进而影响作业安全。一般项目频发险情,甚至出现事故,都与劳务分包费用不能得到保障有直接关系。

**2. 教育培训子系统**

教育培训是安全生产管理工作中的重要内容之一,良好的教育培训可以让企业领导层树立正确的安全观念,提高管理层的安全素质,更能规范作业层的行为。

1）领导层安全教育培训

企业领导层一般就是管理决策层,决定了企业的安全方针和目标,也是企业安全管理的源头。领导层的安全教育培训工作是所有安全教育培训工作中最重要的,也是首要的。企业的安全生产状况,与企业领导层的安全认知有着密切的关系。

针对企业领导层的教育培训要注重安全管理理念、安全生产的政策和法律法规、安全规划和策划、制度设计、安全管理工作方法等。

2）管理层安全教育培训

企业管理层主要是指企业中的中层和基层管理部门的领导及干部。他们既要服从企业领导层的管理,又要管理基层的生产和经营人员,起到承上启下的作用,是企业生产经营决策的忠实贯彻者和执行者。

企业管理层对企业安全生产管理的态度、投入程度等对企业起着决定性的作用，管理层的安全文化素质对整个企业具有重要影响。

针对企业管理层的教育培训要注重安全生产法律法规、安全生产责任、企业安全管理制度、重要工作机制、安全技术标准、安全事故案例分析、安全文化等。

3）作业层安全教育培训

作业层主要是指在生产一线的操作工人和施工人员，他们服从管理层的指令，是安全生产的主体，属于最底层的执行层。作业层的安全直接关系着"生产线"的安全，所有的安全决策、制度、指令都是围绕作业层而展开的。因此，作业层的安全教育培训工作是所有安全教育培训工作里最基础的，也是最核心的。

针对作业层的特点，安全教育培训工作应着重从安全的法律法规、问责追究制度、安全操作规程、劳动纪律、安全文化等方面来开展。

**3. 工团宣传子系统**

1）群众安全生产监督员

企业的群众安全生产监督工作（简称"群安工作"）一般受工会组织委托，代表工会兼职履行群众安全生产和劳动保护监督职能，是安全生产工作的有益补充。

企业各层级的工会是群安工作的牵头部门，负责群安工作的组织、监督、检查、考核、评价、奖惩等主体责任。项目主要负责人是群安工作的第一负责人。群安员负责现场作业的员工安全意识教育，作业点安全讲评，安全操作现场培训，安全作业的防护、检查、整改，随时纠正"三违"作业。群安员必须设在生产一线，突出重点岗位、重点设备、关键工序，重点在作业班组中设立群安员，每个作业点、每个班组至少设一名群安员。

2）青年安全生产监督岗

企业青年安全生产监督岗（简称"青安岗"）活动是以青年员工为主体，围绕生产一线安全生产管控，贯穿日常教育、技能培训、监督检查的青年群众安全生产实践活动，也是企业安全生产管理活动的延伸和补充。

青安岗一般由团委组织，联合安全生产监督部门，在同级党政组织的指导下设立。其主要职责是：监督并及时向安全监督部门报告生产现场违章指挥、违章作业、违反劳动纪律等不规范行为；参与安全生产检查活动；排查安全隐患和缺陷；对本单位的安全生产环保工作提出合理意见和建议。

3）宣传安全文化

企业的安全文化就是企业员工的群体性习惯行为。好习惯结好果、坏习惯酿恶果。好的安全文化，就是从培养员工的好习惯开始。一个人的安全行为叫行为，三个人的安全行为叫习惯，一群人的安全行为就是安全文化，而安全文化就是在硬件达标的前提下，群体性的安全意识达到一定"境界"。

企业的安全文化宣传工作一般都由党群部门来负责。项目层面的安全文化宣传工作一般由办公室来负责。当前，企业安全文化宣传的途径有很多种，包括标语横幅、标识标牌、宣传文化墙、短视频、宣传片、微信公众号等。不管是企业层面还是项目层面的安全文化宣传工作，对企业安全生产工作都有不可或缺的重要意义和作用。

宣传安全文化对企业安全生产工作具有导向作用。企业安全生产决策是在一定的观念指导和文化氛围下进行的。它不仅取决于企业领导及领导层的观念和作风，而且还取决于整个企业的精神面貌和文化氛围。积极向上的企业安全文化可为企业安全生产决策提供正确的指导思想和健康的精神氛围。

宣传安全文化对企业安全生产工作具有正向激励作用。积极向上的思想观念和行为准则，可以形成强烈的使命感和持久的驱动力。心理学研究表明，人们越能认识行为的意义，就越能产生行为的推动力。积极向上的企业安全生产精神就是一把员工自我激励的标尺，他们通过自己对照行为，找出差距，可以产生改进工作的驱动力，同时企业内共同的价值观、信念和行为准则又是一种强大的精神力量，它能使员工产生认同感、归属感、安全感，起到相互激励的作用。

宣传安全文化对企业安全生产工作具有凝聚、协调和控制作用。系统管理理论告诉我们，有组织性的集体比分散个体具有更大的力量，但是集体力量的大小又取决于该组织的凝聚力，取决于该组织内部的协调及控制能力。组织的凝聚力、协调和控制能力可以通过制度、纪律等刚性连接件产生，但制度、纪律不可能面面俱到，而且难以适应复杂多变及个人作业的管理要求。而积极向上的共同价值观、信念、行为准则是一种内部黏结剂，是人们意识的一部分，可以使员工自觉地行动，达到自我控制和自我协调。

## 四、安全监督系统

### 1. 现实问题

目前我国建筑企业面临的安全管理局面较为复杂，存在的安全风险较为突出，安全监督系统的重要性不言而喻。但由于种种原因，在安全监督系统的职责定位方面还存在一些较为普遍的误区和错位，不能满足新形势下安全生产"系统治理、源头治理、依法治理、全员治理、标本兼治"的需要。

目前相关的法律法规对企业安全管理机构的职责定位并不清晰，企业对安全管理部门的主要职责定位概念模糊，对安全生产"管理"和"监督"的关系尚未完全梳理清楚，企业的安全管理部门与其他要素管理系统缺乏较为明确的责任边界，安全管理部门"既是运动员又是裁判员"的情况普遍存在。

甚至部分管理人员对于安全管理的认识还停留在较为低级和原始的层次，对《安全生产法》中"三管三必须"的要求缺乏基本的认知，认为安全管理就是安全管理部门的事，发生事故出了问题就是安全管理部门的责任，只要是与安全生产有关的工作，就交给安全管理部门办理和负责，这样的认知和行为误区仍然存在。

按照系统管理的基本理念和思路，应把安全管理机构的主要职责定位为"以监督为主，以管理为辅"，这既是由安全监督系统自然属性决定的，也是企业在安全生产实践中的迫切需求。而且，越是企业较高层级的安全监督系统，越应强化"以监督为主"的职责定位。

从安全监督系统的天然属性来说，安全专职机构（部门）的产生，并非是负责产品生产过程中的某一个环节、某一个阶段、某一个部分的具体工作，而是对全过程的生产安全进行监督。从本质上来说，如果各个生产管理系统都按照"三管三必须"的要求正常履职，确保各个环节、各个板块的生产安全，安全专职机构就没有存在的必要。但由于管理资源的有限性、人的行为的不确定性、行业环境的复杂性、从业人员素质的不均衡性等因素的影响，如果不对各个生产管理系统、相关从业人员的生产安全进行监督检查，生产安全就容易出现不可控的情形。正是基于这样一种管理需求，就产生了安全专职机构，安全专职机构的主要职能就是监督。

从企业管理的基本规律来说，监督检查是形成系统管理闭环的关键一环，若缺乏这个关键环节，就不能形成有效反馈和闭环管理。同时，各个生产管理系统都已经被赋予不同的安全生产责任，这些安全生产责任覆盖了企业的各个业务板块，如果给安全监督系统赋予更多的管理职能，必然会形成更多的职能重叠和交叉，甚至混淆管理责任。因此，系统管理的基本要求就决定了安全监督系统的主要责任在于监督，而不是承担更多的直接管理责任。

从目前管理的实践现状来看，安全生产的系统管理存在一个突出问题，那就是各个业务系统、各个管理岗位的安全生产责任落实不到位，形成这个问题的原因是多方面的，有管理者认识层面的原因，也有执行力建设方面的原因，缺乏有效的监督检查也是一个重要因素。因此，必须加强对各个系统、各个岗位安全生产履职的监督检查。从目前行业和企业的管理现状来看，这个监督检查的责任应由安全监督系统来履行。

因此，安全管理体系中的安全监督系统主要职能有安全管理和安全监督，其中以安全监督为主，这里强调的安全管理指的是安全监督系统内的队伍建设、制度设计、应急管理、考核评价等工作；而安全监督主要是对下一层级的安全管理体系运行、其他系统的人员安全履职，以及项目的隐患排查治理进行监督。

**2. 安全管理**

安全管理体系中安全监督系统的安全管理工作主要包括队伍建设、组织机构、应急管理、工作机制和考核评价等。

1）队伍建设

专职安全管理人员是企业安全管理的重要力量，安全管理对相关人员的配置数量、综合素质、专业能力、工作作风有着较为全面、严格的要求。目前，建筑企业的专职安全管理人员队伍建设存在以下三个突出问题：

（1）在人员数量上，相关法律法规对建筑企业和工程项目部的安全管理人员配置数量有明确要求，但企业各层级人员数量未能做到依法配置的情况依然存在，特别在基层的工程项目部情况更加突出。

（2）在人员质量上，安全监督队伍仍存在"专业人才少、工作年限短、低学历人员多、劳务派遣多"的特征，在工程项目中表现更加突出，部分安全管理人员素质偏低，履职能力薄弱，缺乏对工程的理解及对技术方案的认知，把握不住安全风险管控的要害与关键。

（3）在队伍稳定性上，由于安全监督队伍相比其他岗位具有风险更高、职业晋升通道相对狭窄、工作需直面问题和矛盾等特点，人才流失较为严重，优秀人才多不愿从事安全监管工作，有的企业甚至将在工程技术等岗位表现较差的人员转岗到安全管理岗位，一定程度形成了恶性循环。

因此，安全监督系统的队伍建设需要着重从以下三个方面进行完善：

（1）创新安全监督队伍的用人机制。良好的用人机制是安全监督队伍成长的前提和保障。安全监督部门一定要营造有利于人才稳定，有利于人才发展的机制和环境。要加快人事制度改革步伐，完善和创新"公开、平等、竞争、择优"的用人机制，做到人尽其才、才尽其用、人才辈出的用人环境。要健全竞争机制，完善考核制度，真正实现"能者上、庸者下"的用人制度。

（2）加大安全专业人才的培养力度。管理决策系统要采取多种渠道、多种形式，落实培养措施，利用现有的教育资源，培养更多的安全专业人才。同时还可以考虑企业与高等院校合作办学，大力发展安全职业教育。积极发展和规范注册安全工程师职业资格的管理，为企业安全生产工作高质量发展提供重要保证。

（3）加强安全监督队伍的培训建设。安全监督系统是安全监督管理的主体和支柱，要充分利用自身的教育培训机构，有计划、有重点地加强安全监督内部队伍的培训建设。加大培训力度，采取在职学习、脱产培训、安全轮训等，为安全监督人员充电；加大人才投入的力度，设立人才培训专项基金，实行专款专用；加快推进学习型队伍建设，鼓励安全监督人员通过多种途径和形式参加学习，使学习成为安全监督人员发展的内在需求；实施全员教育工程，建立激励机制，提升安全监督人员的知识和专业水平。只有人人都接受教育培训，人人都提高综合素质，才能为实现企业安全发展提供人才支持。

2）组织机构

安全监督系统主要职责是充分发挥监督职能，监督检查的着眼点和重心是企业的各业务系统，尤其是在"生产线"系统和应急处置系统的有效运行和相关人员的安全履职上。企业可在设置的安全监督部门的基础上，设立相关专职系统监督检查机构，主要对下属企业的安全管理体系运行情况进行"把脉会诊"，同时配套建立常态化的工作机制，进行常态化的系统督查纠偏。要避免企业各层级、各系统都养成把安全管理和监督检查的重心全部放在施工现场隐患排查治理的工作习惯和方式上,越是较高的企业层级,越需要系统思维,越需要将监督检查的着眼点放在安全管理体系的构建和运行上。

3)制度设计

制度设计是安全监督系统中安全管理的核心工作。在企业各个层级由于层级定位不同,制度设计也有所不同。

(1)总公司层级。安全管理制度设计可以分为三类:一是统领安全全面工作的纲领性文件;二是针对安全、应急、考核等管理的专项管理办法;三是关于企业安全管理和专业行为的执行标准。总公司基础制度清单见表4-5。

表4-5 总公司基础制度清单

| 序号 | 制度名称 | 制度核心要点 | 类别 |
| --- | --- | --- | --- |
| 1 | "大安全"系统管理总办法 | 明确六大安全管理系统职能分工,明晰六个基本要素的管理要求等 | 总制度 |
| 2 | 安全生产监督管理办法 | 规定安全监督机构职责、功能定位、工作机制、事故(事件)报告及应急处理等内容 | 专项制度 |
| 3 | 安全生产系统督查管理办法 | 对工程局、子分公司安全生产系统督查工作的功能定位、机构和职责、方式和程序、内容、方法和标准、工作机制、督查评价等全链条工作进行规定 | 专项制度 |
| 4 | 工程应急管理办法 | 对应急管理体系、专职队伍建设、突发事件处置、应急响应程序等作出规定 | |
| 5 | 生产安全事故(事件)管理奖惩办法 | 明晰事故(事件)考核奖惩形式、方式、程序、标准等内容 | |
| 6 | 安全管理执行标准 | 可以从六大系统管理、工程专业类别、施工作业类别等三方面明确安全管理执行标准 | 执行标准 |

(2)工程局层级。在总公司制度基础上增加风险分级管控及隐患排查治理办法、子分公司及项目部安全管理实施意见、安全生产条件分级验收规定等制度。

(3)子分公司层级。针对管理制度,必须明确管什么,谁来管,怎么管。也就是说必须明确具体工点、工序;必须明确到具体岗位人员或班组;必须明确时间点、频次、周期、工作标准、具体方法及工作要求。

（4）项目部层级。原则上不再重新制定管理制度，根据子分公司管理制度，结合项目实际和建设单位要求，细化安全管理工作细则，也可以叫工作手册。

4）应急管理

安全管理的直接目标就是避免生产安全事故的发生，但在现实工作中，由于各种因素的影响，建筑企业每年仍有一定数量的生产安全事故发生。如何有效地开展应急管理工作，这也是安全监督系统的一项重点工作。

安全监督系统应按照相关法律法规的要求和企业管理的制度要求，组织或参与应急处置工作。

5）工作机制

企业安全管理体系构建形成后，如何才能有效运行？设计科学合理的运行机制是关键因素。不同层级企业运行的机制、运行的频次、哪些人员参与等各有不同，各层级至少应构建时间维度和工程项目全生命周期维度两个维度的刚性工作机制。以下仅对总公司按照时间维度建立的工作机制进行举例，见表4-6。

表4-6 总公司基于时间维度的工作机制

| 序号 | 运行机制 | 频次 | 核心要点 | 主责领导 | 主责部门 | 参与部门 |
|---|---|---|---|---|---|---|
| 1 | 系统体系运行督查 | 常态化 | 对工程局、子分公司安全管理体系运行情况进行常态化督查；延伸督查项目安全管控情况；对督查问题进行督促整改闭合 | 主要领导 | 安全监督系统 | "生产线"系统 |
| 2 | 安委会会议 | 季度 | 定期学习重要精神、文件；安委会成员部门向安委会报告当期安全工作情况；分析公司安全状况，研讨安全重点工作；对事故事件提出责任追究建议 | 主要领导 | 安委会办公室 | 六大系统 |
| ⋮ | ⋮ | ⋮ | ⋮ | ⋮ | ⋮ | ⋮ |

## 第四章　企业安全生产管理体系构建

6）考核评价

构建企业的安全生产考核评价机制需重点做好以下工作：

（1）系统性地建立完善考核奖惩制度。企业各层级应建立系统性的安全生产奖惩制度，并将分包单位纳入奖惩范围。各单位要建立安全生产绩效与履职评定、职务晋升、奖励惩处挂钩制度，严格落实安全生产"一票否决"制度。对管理标准规范、积极有效创新、体系运行良好的单位和管理成绩优异、抢险救援贡献突出的个人予以奖励。对体系运行不畅或发现重大隐患的单位和个人加大经济处罚力度。

（2）目标责任考核。明确各管理层级、系统和个人的安全生产管理目标，签订责任书，将目标责任有形化、可视化、具体化。可实行安全管理风险抵押金措施，对实现责任目标的给予加倍奖励，对未实现责任目标的扣除风险抵押金。

（3）过程系统考评。结合系统督查工作，企业定期开展对下级企业、管理系统的安全生产管理体系运行及全员安全生产责任制落实情况的考核评价，重点突出考评管理系统及岗位是否履行安全责任、运行机制是否有效运转等，根据考评情况实施经济奖罚、通报约谈及其他奖惩措施。

（4）对"未遂事故（如重大隐患、险性事件等）"、轻微事故的调查追责，借鉴民航行业的征候管理理念，推行征候管理，强化过程问责，把未造成严重后果的"未遂事故"、轻微事故比照生产安全事故进行调查、分析、处理和追责。

（5）隐患举报奖励。用好"吹哨人"制度，鼓励员工对施工现场重大隐患进行举报，对举报重大隐患的有功人员实施奖励，实现隐患早发现、早治理，并营造"人人关心安全、人人重视安全"的积极氛围。

（6）"风险消除"奖励。企业针对工程项目的高风险工程、工点、工序制定专项奖励措施，对未发生生产安全事故或不良事件，顺利完成高风险施工的工程项目部相关人员予以专项奖励。

（7）"零事故"奖励。企业制定相关政策，工程项目部以月为考核周期，周期内未发生生产安全事故或不良事件，对相关人员给予基础奖励，每月递增（设置上限）；发生事故或不良事件，则取消当月奖励，下一考核周期重新按基础奖励额度逐级累加。

（8）考评结果运用。将各类安全管理考核评价结果（含过程考评、征候管理、事故追责等）与相关人员的绩效薪酬、评先评优、干部任用等充分挂钩，并与纪检监察、审计监督、巡视巡察等监督部门建立常态化的工作接口机制。

（9）事故追责处理。对生产安全事故追责处理严格依据相关法律法规和管理制度，按照"四不放过"的原则，进行深入的调查分析和严肃的处理追责。

## 五、工程应急系统

**1. 工作原则**

1）"人民至上、生命至上"的原则

应急救援的首要任务是不惜一切代价，维护人员的生命安全。

2）"关口前移、重在日常"的原则

工程应急是一项全过程、全要素的工作，必须做到关口前移，在项目策划阶段就必须进行应急策划。把管理重心放在应急预防、应急准备阶段，实质性地提升应急预案、应急演练工作的质量和成效，这样才能在事故发生时，做到心中有数、忙而不乱，及时、妥善地有效处置。

3）"全面统筹、充分整合"的原则

工程应急是一项系统工程，不能把其当作安全监督系统的业务工作，而应全面统筹安全监督系统、"生产线"系统及各子系统的力量，充分整合企业内外部各项应急资源，实现应急管理力量、资源的最大化，为发生突发事件后的应急处置做好最充分的准备。

4）"快速反应、紧急抢险"的原则

针对可能发生的事故，应做好充分的准备，一旦发生事故，要快速作出反应，实现高效救援。在事故抢险过程中，采取有效措施，严防抢险过程中发生二次事故，避免发生次生、衍生事故。

5）"分级负责、系统作战"的原则

相关成员应按照各自的职责分工，建立应急联动机制，实行分级负责、各司其职，做到协调有序、资源共享、快速反应，共同做好应急救援工作。

6）"科学分析、措施果断"的原则

在事发现场，必须在科学分析的基础上果断决策，采取适当、有效的应对措施，这是保证应急救援成败的关键。

**2. 组织机构与责任分工**

一般来说，大部分建筑企业不需设立专职的应急管理部门，但各管理层级必须成立应急处置小组，组长由主要负责人担任，副组长由分管安全生产的领导、技术负责人、工会负责人、安全总监等担任，成员由相关职能部门负责人担任。

企业各层级应急处置小组主要成员分工如下：

（1）主要负责人：负责工程应急工作的全面领导和统筹安排。

（2）分管安全生产负责人：重点负责工程应急工作的具体组织，制定应急管理制度和组建应急队伍等。

（3）工程技术部门：重点负责制定应急预案与现场处置方案等。

（4）物资设备部门：重点负责组织储备应急物资与应急设备等。

（5）安全生产监督部门：重点负责组织危险源辨识与评价、应急培训与应急演练等。

（6）宣传管理部门：重点负责突发事件的舆情管理等。

（7）其他管理部门：按照职责分工负责相关工作。

**3. 主要工作**

1）应急策划

应急策划是工程应急工作的首要工作，应急策划是把事故消除在萌芽状态，是工程应急的最高境界。应急策划应该在项目策划阶段就要开展，充分体现"源头治理""关口前移"。

应急策划应该在应急预案制定之前，应急策划必须对工程项目进行风险辨识，这是应急策划的基础。应急策划是应急预案的制定依据，同时也是动态的，要随着工程环境、管理要素的变化而动态调整。

2）应急预案

应急预案是从工程应急的角度，为预防事故发生或恶化而做的预防性工作。在应急管理中"预案"有以下两层含义和目的：

（1）通过安全管理和安全技术等手段，尽可能地防止事故的发生，实现本质安全。

（2）假定事故发生的前提下，通过预先采取的措施，达到降低或减缓事故的影响或后果的严重程度,如加大建筑物的安全距离、进行人员驻地选址的安全规划和评估、减少危险物品的存量、设置防护墙等。从长远看,低成本、高效率的预防措施是减少事故损失的关键。

3) 应急演练

应急演练是检验及提升应急管理体系适应性、完备性和有效性的最好方式。不仅可以强化相关人员的应急意识,提高参与者的快速反应和实战水平,还能暴露应急预案和管理体系中的不足,检测相关应急措施是否实际、可行。

应急演练一定要根据工程实际进展情况、风险情况进行有针对性的调整,不能现场与演练"两张皮"。另外企业内部应急演练应与地方联动,结合工程可能发生的实际险情,演练活动可一体化结合开展。

4) 监测响应

监测响应包括监测预警和应急响应,都属于事中阶段,是事中预警及预判的应急运行机制。

监测预警,就是要建立智能化的多点触发机制,只要"生产线"稍微有点风吹草动就能够捕捉到情况。

应急响应是在捕捉到"生产线"险情的情况下,在对事发现场情况进行分析评估的基础上,有关组织或人员按照应急救援预案立即采取的应急救援行动。

5) 应急恢复

应急恢复是指在事件得到有效控制之后,为使生产、生活、工作和生态环境尽快恢复到正常状态,针对事故造成的设备损坏、工程破坏、生产中断等后果,采取的设备更新、工程维修、恢复生产等措施。

6) 警示教育

警示教育主要是为了提高人们的安全意识,改善安全状况,预防安全事故的发生。按照"四不放过"原则,工程恢复后应及时开展安全大反思,进行警示教育,举一反三,避免下次重复发生类似事故。

## 六、事故处置系统

**1. 组织机构及职责分工**

企业一般不需设立专门的事故处置部门,各管理层级可以成立事故处置小组,组长由主要负责人担任,副组长由分管安全生产领导、工会负责人、安全总监等担任,成员由相关职能部门负责人担任。

企业各层级事故处置领导小组主要成员分工如下:

(1) 主要负责人:负责事故工作的全面领导和统筹安排。

(2) 分管安全生产负责人:重点负责事故处置工作的具体组织,制定事故处置制度和组建事故处置队伍等。

(3) 安全生产监督部门:重点负责组织事故的调查、配合政府部门的事故调查以及警示教育等工作。

(4) 工会:重点负责伤者或伤亡人员家属的安抚善后工作。

(5) 宣传管理部门:重点负责事故的舆情管理等。

(6) 其他管理部门:按照职责分工负责相关工作。

**2. 主要工作**

工程项目发生事故后,企业各层级应按照事故处置预案的要求,快速进行事故处置,重点做好以下六个方面的工作:

(1) 依规进行上报。严格遵照地方政府、行业管理及上级企业要求,逐级进行上报。

(2) 启动事故处置预案。工程项目部和企业各层级根据事故上报信息作出相应的应急响应,第一时间启动实施事故处置预案,企业上级安排工作组快速赶赴现场,按照事故处置预案要求开展各项工作。

(3) 实施现场救援。对现场情况进行分析评估,制定现场救援方案,快速实施现场救援,尽最大可能抢救人员,减少财产损失,同时避免发生次生、衍生灾害。

(4) 妥善安抚善后。安排专人与伤者及事故伤亡人员家属进行对接,安抚相关人员情绪,实施人文关怀,依规妥善进行善后处置。

(5) 配合事故调查。按照地方政府调查工作的要求,全力做好相关配合工作。

(6) 做好舆情管理。与政府宣传部门等进行汇报沟通,确保信息畅通,按照政府部门的要求统一发布相关信息。建立舆情监测机制,掌握舆情动态,有效化解舆情风险。

## 七、运行机制

在企业管理实践中，经常会遇到以下类似困惑：

（1）为什么建筑企业的安全管理制度看起来制定得很健全、安全管理体系看起来构建得很完善，管理制度却经常无法全面地在施工现场有效落实，管理体系运行经常出现堵点导致运转失效？

（2）为什么有的企业主要负责人的变动会导致企业安全生产出现较大的波动？

（3）为什么不同的企业之间，组织机构、人员结构、管理制度大体类似，管理成效却差别极大？

……

以上情况暴露了企业安全管理体系运行也就是运行机制的构建和实施过程中存在问题。运行机制是系统内部要素与要素之间、系统与系统之间的结构关系和运行方式，是每个系统能否正常、有效、高效运转的核心要素。运行机制也是具体的管理举措和方法手段，是管理制度能够真正执行落实的关键抓手。目前建筑企业在运行机制的构建和实施上还存在以下突出现实问题：

（1）在认知上，企业负责人及相关人员对运行机制的核心本质、核心作用认知不够，对运行机制与管理体系、运行机制与管理制度之间的辩证关系把握不到位。

（2）在管理上，由于管理者缺乏系统思维，企业未能系统性地建立全过程、全要素、全方位的运行机制。缺乏系统性的运行机制必然导致碎片化、被动式的管理，甚至简单地完全以管理制度代替运行机制。这样必然会导致管理制度难以有效落实，管理体系难以有效运行。

（3）在成效上，认知的欠缺和管理的碎片化造成管理制度缺乏有效落实的抓手，无法全面在施工现场执行落实；造成相关管理系统运行不畅，系统岗位无法有效地履行应有的安全责任；造成企业管理成效过度依赖企业负责人的理念作风和能力水平；造成一旦企业主要负责人出现变动，就会导致安全管理产生明显的波动。

**1. 运行机制维度**

企业安全生产管理体系运行机制主要从五个维度来构建：

(1) 第一维度：基于人本因素的运行机制。运行机制离不开人的因素，也离不开社会因素，构建一种基于业法融合的全员安全生产责任制是极其重要的，也是安全管理体系构建的首要的、核心的运行机制。

(2) 第二维度：基于系统安全防控六维度的全过程运行机制。安全管理体系构建的首要目的是企业本质安全，其理论基础就是SESP系统理论，那么运行机制的构建也需要与之匹配，基于系统六维度防控的全过程运行机制也是必要的。

(3) 第三维度：基于空间维度的运行机制。主要有三个方位，一是各层级六大系统各子系统内部上下贯通的运行机制，二是六大系统各子系统之间和六大系统之间横向联动的运行机制，三是企业安全管理体系与外部体系之间内外互动的运行机制。

(4) 第四维度：基于自然时间轴的运行机制。综合考虑企业各层级、各系统的基本职责定位，以年度时间轴（日、周、月、季、年等）为主线，以各系统安全管理岗位职责为重点，建立各层级企业层面、工程项目部层面基于时间维度的运行机制。

(5) 第五维度：基于工程项目全生命周期的运行机制。建筑企业的项目管理是其最基本的管理单元，按照"一切工作服务项目"的宗旨，企业安全管理体系也必须服务这一宗旨。

**2. 基本性质**

运行机制是企业安全生产过程中的主体机制。运行机制是研究在安全生产全过程中各要素之间相互联系和作用及其制约关系，是企业安全生产运行调节的方式。运行机制可以使企业安全生产活动协调、有序、高效运行，增强内在活力和对外应变能力。

运行机制具有如下七个基本性质：

(1) 系统性。它是一个比较完整的有机整体，具有保证其职能实现的结构和功能分析体系。从层级上看，必须在公司层面和项目层面分别建立相适应的运行机制；从维度上看，它又存在各子系统于上下、左右、内外之间。

(2) 信息性。从各层级、各子系统获取有效信息是机制运行的基础。从某种意义上来说，获取信息的精度和深度极大程度影响了运行机制的效率。

(3) 内驱性。安全管理体系的内部运行机制，其形成和功能完全由自身决定,是一个内部运动过程,具有自我调节、自我驱动的功能。

(4)应激性。企业安全管理体系与社会的外部安全体系之间的运行机制,会受外部条件的约束和激发而产生一定的应激行为,具有应激性。

(5)自动性。它一旦形成,就会自发地、主动地按照一定的规则和程序来引导或者决定体系的行为。

(6)可调性。运行机制是由体系的基本结构决定的。如果体系的组成或结构发生变化,运行机制的形式和效果也会相应变化。

(7)差异性。人的主观能动性或者能力决定了机制运行的效果,不同人的管理能力或者操作能力直接影响机制运行效果。

---

建筑企业本质安全管理体系的构建应按照体系的基本要求和特点,明确企业各管理层级的基本职能定位,厘清管理决策系统、"生产线"系统、"协同保障"系统、安全监督系统、工程应急系统、事故处置系统六大系统的基本要素;同时,用合理高效的运行机制形成层级之间、系统之间的纵向贯通和横向联动,形成管理合力,使企业安全生产管理体系高效运行,最终实现企业本质安全。

# 第五章
# 企业安全生产管理体系运行

"业精于勤,荒于嬉;行成于思,毁于随。"

——韩愈《进学解》

# 第五章 企业安全生产管理体系运行

前面章节阐述了安全生产管理系统的基本演绎法,基于企业业务管理系统模型,对安全管理基本要素进行了分析,构建了管理决策系统、"生产线"系统、"协同保障"系统、安全监督系统、工程应急系统、事故处置系统六大系统。管理体系不能停留在理论层面,如何能够使管理体系高效运行,更重要的是符合企业管理实际,具有较强的实践性。在企业大安全生产 SESP 系统理论的指导下,本章节将从企业层面、工程项目层面和作业层面来解读管理体系运行,同时从系统管理的角度,阐述每个管理层级在安全生产方面重点工作的思路和方法。

## 第一节 体系运行的基本原则

基于系统观、系统综合征和 SESP 系统理论以及系统管理的特点,从全员、全过程、全方位、全时间、全周期五个维度来认知企业安全生产管理体系的运行,如图 5-1 所示。

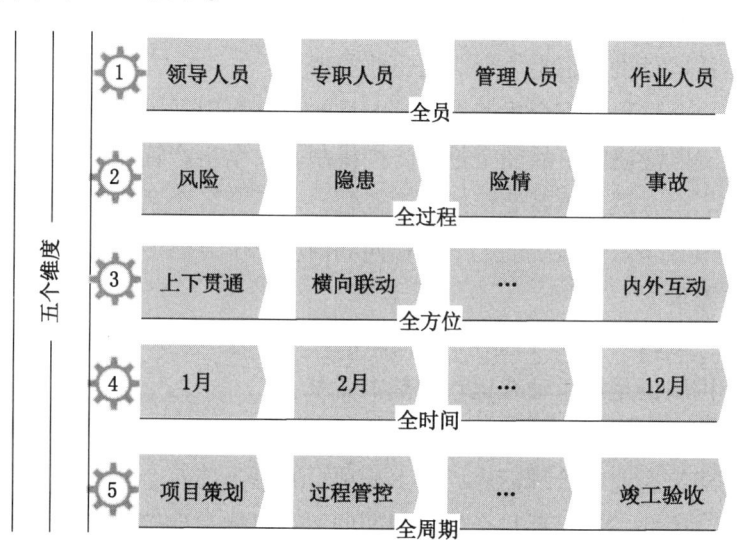

图 5-1 企业安全生产管理体系运行的五个维度

安全生产管理体系运行机制的五个维度分别是全员、全过程、全方位、全时间、全周期,如图 5-2 所示。

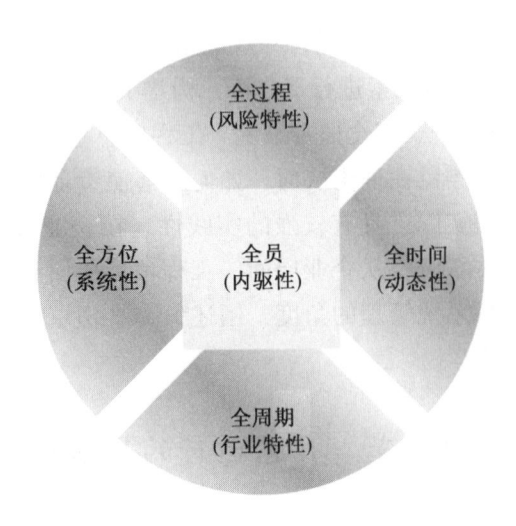

图 5-2　五维运行机制特性

一维：全员。管理的最核心、最活跃的因素是人，如何在管理活动中发挥人的主观能动性和创造性，一直是企业管理最重要、最核心的工作。基于人本因素的体系运行机制也是体现其内驱性的特征。

二维：全过程。安全生产管理基本目的就是要识别风险、消除隐患、杜绝事故。基于风险演变事故的全过程防控机制是安全生产管理的最基本要求。

三维：全方位。体系要保持高效运转，离不开各个系统的协同作用，而这种协同作用必须依靠系统的上下、横向和内外三个方位形成合力，这是系统基本特性的需求。

四维：全时间。系统只有在时间维度才能体现其动态特性。基于自然时间轴的运行机制也是体系动态运行的基本需求。

五维：全周期。"大安全"管理体系是基于建筑企业管理特点而构建的，必须满足建筑企业的管理需求，而工程项目管理是建筑企业管理最基础、最核心的单元。因此，基于项目全生命周期的运行机制是建筑企业安全生产管理体系最具特征的运行机制。

## 一、第一维度：全员运行机制

从系统管理和体系建设的视角来说，安全生产管理是全员、全过程、全要素的系统性管理。"人"是系统中最核心的要素,这个"人"指的不是某一个岗位或者某一个人,而是全员。

"责任是企业的生存之道,也是企业的制胜之本。"要建立运转有效的管理体系,必须把责任明确落实到每一个员工的头上,让员工成为有工作责任的主人。安全生产管理体系同样是这样,要把安全生产管理的责任全面分解、落实到每一个系统、每一个岗位、每个员工。同时,建立一定的运行机制,使各个系统、各个岗位、每个员工之间形成积极、正向的作用,以此实现管理体系的有效运行,这才是正常的、有效的一种管理状态。

因此,全员安全生产责任制既是企业安全生产管理体系中管理制度和运行机制的核心组成部分,也是安全生产管理体系高效运行的有效抓手和落脚点。

## 二、第二维度:全过程运行机制

安全生产管理体系构建的首要目的是企业本质安全,它的理论基础就是前面第二章论述的系统管理致因和 SESP 系统理论。安全生产管理体系的防控是靠各个系统在风险预控、隐患排查、工程应急和事故处置等阶段协同发力、共同作用才能实现的最终体系目标。

安全生产管理体系运行的防控机制也需要与体系防控的各阶段匹配。基于系统各阶段防控的全过程运行机制是认知和构建第二维度的体系运行机制,主要包括安全风险分级管控和隐患排查治理双重预防机制、工程应急和事故处置机制。前者是管理的预控,属于事前防控,是"晴天修屋";后者属于管理结果处置,属于事后处置,是"亡羊补牢"。

## 三、第三维度:全方位运行机制

由系统的基本原理可知,系统之间存在必要的内在联系,系统就是通过这种联系运行的。从这个角度说,运行机制的构建必须梳理清楚这种联系。

安全生产管理体系是基于系统联系构建的运行机制,从系统空间方位的视角来看,主要有三个方位:一是各层级六大系统各子系统内部上下贯通的运行机制;二是六大系统各子系统之间和六大系统之间横向联动的运行机制;三是企业安全生产管理体系与外部体系之间内外互动的运行机制。

## 四、第四维度：全时间运行机制

从系统的动态性特征来看，系统的运行不是静止的，它必然和时间有密切关系。

基于企业各层级、各系统的基本职能定位，以年度时间轴（日、周、月、季、年等）为主线，以各系统安全管理工作为重点，建立各层级企业层面、工程项目层面基于时间维度的运行机制。

基于年度时间轴的运行机制的主要体现方式之一是企业安全生产管理体系运行的第四维度。

## 五、第五维度：全周期运行机制

建筑企业的项目管理是其最基本的管理单元，也是企业安全生产管理的最终落脚点。企业安全生产管理体系要服务这一宗旨，那么基于工程项目全生命周期的运行机制就突显了建筑企业安全生产管理的特点。这是企业安全生产管理体系运行的第五维度。

# 第二节　企业层面的体系运行

目前，建筑企业管理层级一般有3~5个，这里面所谓的管理层级包括"工程项目部"管理层级。管理层级较多的，如大型中央建筑企业一般有4~5个管理层级；省级大型建筑企业一般也有3~4个管理层级。在企业安全生产管理体系构建章节，阐述了不同管理层级在安全生产管理方面的功能定位。根据功能定位，本节主要阐述总公司、工程局、子分公司安全生产管理体系如何有效运行。

## 一、总公司层级安全生产管理体系运行

企业安全生产管理体系构建章节给出总公司安全生产管理层级定位为"引领、规划、监督"。在管理方面，重点做好战略规划、顶层设计、理念引领和国家法律法规、规章、行业规范性文件等在企业的落地；在监督方面，重点监督工程局"大安全"系统体系运行情况，重点项目重大安全风险管控

情况。

**1. 战略规划**

在前述第二章的安全管理系统观念中，通过三个工程建造生产活动案例，还原了工程建造的生产过程和原始面貌。其中，第一项工作就是工程建造活动的规划和策划。是创利第一、创誉第一，还是利誉并重，这就涉及项目定位是什么。延伸来讲，项目的定位也取决于企业的定位。用系统构成的三个基本要件进行描述，项目的定位就是企业的目标或功能。目前，大型建筑企业都制定了战略规划，对重大的、全局性的、基本的、未来的目标、方针、任务进行谋划。

1）在安全生产管理方面的主要作用

（1）有利于企业规划明确发展目标。清晰、可实现的目标有助于提升员工信心，鼓舞员工斗志，激发员工的工作热情。远大且可实现的目标是企业推动事业发展的加速器。这里的目标有企业总体定位目标，也有安全生产管理方面的目标。

（2）有利于企业各部门协同发力。战略规划不但明确了企业具体的业务发展计划，更关键的是通过制定和实施战略规划，企业全体成员必须深刻明白企业作为一个整体，各部门、各员工的工作应围绕企业战略进行，员工的一切行为都要为实现战略目标而服务。

（3）有利于企业整合安全管理资源。战略规划确定了企业在一定时期内的发展方向，明确了企业的业务结构，设定了企业较长时期内应该达到的目标，有助于企业根据需要运作战略。比如，为实现"安全第一、系统治理"这一目标前瞻性地组织和配置了企业有限的资源，并把资源用到有需要、恰当的地方，发挥了以平安发展保障企业高质量发展的作用，从而提高企业竞争力。

（4）有利于企业规避生产经营风险。科学合理的战略规划对企业现在和未来发展中存在的经营风险作出预见，并对企业如何防范风险提出预案。安全生产风险、经营投资风险等必然是建筑企业重点规划管理范畴，应做到未雨绸缪，化被动为主动，充分关注各种可能面临的危机。

（5）有利于企业维护信誉和品牌。作为大型建筑企业，唯有打造出"安全可靠"的金字招牌，维护企业信誉和品牌，才能获得进入市场的入场券，才能实现以安全保现场、以现场保市场的目标，才能确保可持续发展、高质量发展，才能有立根之基。

2）在安全生产管理方面的规划重点

战略规划分为总体规划、专项规划和子规划。

总体规划是总公司制定统领全局的规划。在总体规划中要用总揽全局的战略眼光，全面把握事物发展大方向、总目标；立足全局，着眼未来，从宏观上考虑问题，规划长远目标与确定近期任务紧密结合，增强战略规划的预见性。围绕企业总体发展目标，在规划安全生产管理章节中，明确安全生产目标，指出企业安全生产管理现状和存在的宏观问题。要明确安全生产管理基本原则，给出安全生产靠系统管理的宏观导向；要给出企业不同层级之间在安全生产上的功能定位，以便于进一步做好专项规划和顶层设计。

专项规划是按照子系统进行分项制定的。比如，安全生产规划、产品质量规划、生态环保规划等，这些均属于专项规划。在专项规划中，要分析某一领域或专业的现状和问题，分析面临形势，剖析存在问题，为实现规划目标所采取的主要具体举措。安全生产专项规划是企业总体规划在安全生产方面的细化与延伸，针对某一阶段、某一时期的安全管理现状，安全管理到底怎么管？管到什么程度？给出指导性措施、手段和方法。比如，在进行六大体系构建时，针对六大体系如何协同运行，要给出指导性的方式方法；再如，大安全管理在功能定位、机构设置、人员管理、制度设计、运行机制、考核评价六个基本要素方面的基本要求，要给企业安全生产管理的顶层设计指出宏观方向。

子规划是下级企业根据上级企业总体战略目标，并结合自身企业实际制定的战略规划。工程局、子分公司的子规划制定就要围绕企业发展目标、在安全生产方面的职能定位进行战略规划，具体方式、方法、手段和措施与总公司制定的总体规划大同小异。

**2. 顶层设计**

总公司如何进行顶层设计，实质上是对各管理层级"大安全"管理系统的要素、联系和功能进行顶层设计，明晰安全体系系统管理的思路、方法和手段。前面章节对部分内容已经有所涉及，但是每个管理层级由于在整个体系中的定位存在差异、各有侧重，所以在管理的方式方法和手段上必然会有所区别。

顶层设计要解决理念偏差、系统缺失、要素漏洞、系统壁垒、系统紊乱、系统失能等系统综合征问题。回顾前文还原"安全生产的本来面目"和"五个为什么"的深度分析也证实了顶层设计是解决问题背后的系统性问题，给出"源头治理""系统治理"的途径和思路。

1）系统功能设计

主要是对企业的安全生产管理目标和功能定位进行设计。在总公司战略规划中，已经给出企业总体发展目标和安全管理目标，多数大型建筑企业是以控制每百亿元或每十亿元营业收入对应生产安全事故死亡人数的百分率或生产安全事故起数、死亡人数下降百分比等定量指标作为安全生产管理目标，这是狭义上的安全生产管理目标。广义上的安全管理目标是要实现理念提升、能力提升、成效提升构建大安全生产格局。总公司的顶层系统功能设计，是设计各层级安全生产功能定位，在纵向维度上，对各管理层级的功能定位进行明确，在横向维度上，明确六大管理系统的职责边界和接口。在此基础上，完善各岗位的安全生产责任，制定全员安全生产责任清单，固化全员责任。

2）系统要素设计

系统的要素包括机构设置、人员管理、制度设计三个基本要素。在机构设置上，总公司应构建"大安全"系统的监督机构，对工程局体系运行进行"把脉问诊"；同时，根据层级功能定位，给出工程局、子分公司管控机构的设置原则。在人员管理上，给出各管理层级在人才引进、选用、培养、激励、淘汰和梯队建设等各个环节采取的宏观措施，破解人才队伍建设的瓶颈问题。在制度设计上，针对总公司制定哪些制度来落实"规划、引导、监督"，工程局、子分公司制定哪些制度来落实相应的功能定位，在制定设计部分要给出指导性意见。

3）系统联系设计

企业管理系统之间必然有内在的联系，系统之间的内在联系包括安全理念、管理制度、运行机制等。总公司的顶层设计在安全理念方面，要给出树立哪些正确、先进的安全管理理念，摒弃哪些错误的安全管理理念，践行正确安全管理理念的方式方法；在管理制度方面，要明确"大安全"系统的管理规则，为机制运行提供依据；在运行机制方面，至少应按照时间轴线和工程项目全生命周期两个维度给出底线运行机制指导意见清单。

**3. 理念引领**

理念决定意识，意识决定行为，行为决定结果。人的行为受思想影响，思想的边界受认知束缚。在日常工作中，企业文化、"关键少数"、内生动力等都会影响个人、团体、组织的思想意识和理念行为。从系统的角度来讲，理念本身也是一种"联系"，总公司的顶层设计就要明确回答坚持哪些正确的安全管理理念，摒弃哪些错误的安全管理理念，践行正确安全管理理念的方法和途径。

1）摒弃错误的安全管理理念

长期以来，受各种复杂因素综合影响，在建筑企业管理人员中，存在不同程度安全生产理念偏差和错误认知。较为典型的表现有"安全事故不可避免论""安全是专职人员的事""用监督替代管理""摆平就是水平，搞定就是稳定""口头重视、行为不重视""安全管理只罚不奖""安全管理运气论、经验论"等等。这些错误的理念导致各级管理人员、施工作业人员行为上出现偏差，对构建"大安全"系统的管理影响深远。

"扫帚不到，灰尘不会自己跑掉。"这些安全生产理念偏差和错误认知在建筑企业有一定的普遍性和代表性。如果不用先进的、正确的管理理念进行取代、更新和提升，将给企业的安全生产工作造成明显障碍和巨大制约。

2）坚持正确的安全管理理念

安全管理是一项系统工程，具有极为突出的系统性、复杂性、长期性和艰巨性，正确的、先进的管理理念和原则是实现本质安全的前提和基础。安全管理的系统性观点本身就是正确的安全管理理念范畴，当然，每一家建筑企业都有自己的安全文化。在此基础上，企业应对国家安全发展观进行深入学习领悟，对历史经验教训进行深入总结，梳理和提炼应持续坚持、树立的安全生产管理理念，不断锤炼和打造企业安全文化。

3）践行正确安全管理理念的方法和途径

建筑行业有很多安全管理理念，但是如何在企业职工中根植这些理念，没有标准答案。再好的"大安全"管理体系如果不被认可，那么谈企业管理体系的运行就仿佛是空中楼阁，没有稳固的根基与基础。因此，践行正确安全管理理念的方法和途径是非常关键的。从系统管理上，可以结合企业发展实际，组织细化制定专职人才队伍培养建设、安全文化塑造、安全生产责任制落实、工作运行机制等专项工作规划；从表现形式上，可以在各层级开展安全管理理念提升研讨活动，开展全系统、多维度的宣传教育，利用企业机关、项目驻地、厂房车间营造安全文化氛围。

**4. 贯彻执行**

贯彻执行是指总公司要将国家有关建筑企业安全生产的法律法规、规章、行业规范性文件和相关规定等要求，经细化分解并结合企业管理实际，转化为企业管理制度或管理行为，抓好贯彻落实。

总公司是企业内部的最高管理层级，承担在企业贯彻执行国家法律法规、规章、行业规范性文件和相关规定的首要责任，要结合时代特点，深入学习领会重要论述思想，真正学懂弄通做实，做到与时俱进、持续更新。在安全管理理念方面，要摒弃错误思想观念，形成符合时代要求的先进管理理念。在压实责任方面，要依靠严格的责任体系、法制措施和有效的体制机制，并结合企业管理实际，进一步完善安全生产管理的顶层设计。在贯彻执行上，应按照"统筹结合"原则，做好上级政策与企业内部管理体系的有机结合，以上率下，抓好贯彻执行。

贯彻执行的主要工作方法：一是采用线上线下结合、考核培训与竞技竞答结合等多方式、多维度进行宣贯。二是进行梳理、细化、分解，将其内容纳入企业相关管理制度，进一步固化管理要求。三是构建刚性执行机制，固化企业管理行为。四是用好考核评价的"指挥棒"，采取过程督导、梳理纠偏、通报约谈、考核评价等方式，激励约束各项管理要求和政策的落地执行。

**5. 管理机制**

总公司具有战略规划、顶层设计、理念引领、贯彻执行等管理职能，落实管理职能的工作途径和方法有召开董事会安全健康环保委员会会议、安全生产委员会会议、安全生产工作例会、安全生产年度工作会议等定期工作机制。

1）董事会安全健康环保委员会会议

总公司安全健康环保委员会主要由企业董事会成员组成，会议主要负责指导、检查和评估企业安全、健康与环境保护计划的实施。企业"大安全"管理各系统部门就有关企业安全、健康与环境领域的重大问题，向董事会提出方案和建议，由董事会进行决策。

2）安全生产委员会会议

安全生产委员会主任应当由企业安全生产第一责任人担任，副主任由分管安全生产的领导担任，委员为其他领导成员和系统部门负责人。总公司应当建立安全生产委员会工作制度和例会制度，定期召开安全生产委员会会议（企业各层级均应召开），学习上级决策部署和重要精神，分析安全生产形势和现状，对安全生产重大事项进行决策，对安全生产工作进行研究部署，对事故（事件）责任人提出责任追究意见，各系统职能部门报告安全生产工作履职情况。这项管理工作机制在大多数建筑企业得到运行。

3）安全生产工作例会

虽然总公司的主要功能定位是以监督为主，但为了更好地让总公司监督职能与管理职能互为补充，安全监督系统应定期组织安全生产工作例会。各层级安全生产委员会成员部门均应参加，总结阶段性工作情况，通报存在问题，部署下期安全生产重点工作。

**6. 安全监督**

1）监督机构

总公司的职能定位主要是监督工程局、子分公司安全生产管理体系建立、完善和运行情况。在总公司已经设置安全专职监督部门的基础上，要建立监督下属企业系统运行的机构，机构成员应分别具备"生产线"系统各子系统的专业能力。总公司按照法定职责，也要组织对项目进行隐患排查治理，监督重大隐患的整治闭合情况。因此依靠总公司安全监督部门仅能蜻蜓点水覆盖少数项目，而多数建筑企业往往受"定员"限制，想扩编或成立独立隐患排查机构难以实现。所以可以通过建立专家库，根据企业实际需要，采取专家临时抽调与定期换防相结合方式，设置数支隐患排查小组，开展项目现场隐患排查治理工作。

2）平级监督

专职安全监督系统的本质属性就是监督，具体任务是监督"大安全"各系统部门安全生产责任制落实，监督依据是安全生产法律、法规和企业规章制度，监督标准是总公司制定的全员安全生产责任制和安全岗位责任清单。此项工作开展会遇到各项阻力，所以，企业"一把手"要挂帅领导，统筹协调，全面负责。也可以创新方式方法，比如纪委有履行再监督的职能，专职安全监督系统可以与纪委联合开展平级监督。企业各层级安全监督系统同有平级监督职能，后文不再赘述。

确定科学合理的考核评价方式。建筑企业为激励约束各系统干好本职工作，通过开展考核评价促进全系统履职。企业开展考核评价的形式各有不同，比较常见的考核方式是年终系统与系统之间互评，下级企业对上级企业对应系统进行评价，企业领导班子成员按照一定比重参与考评。安全监督系统的主要职能就是监督，平级监督各系统的安全生产履职情况，监督所属企业安全生产体系运行情况，牵头组织事故调查、问责等。在此种情形下，无论工作成果的好坏，安全监督系统的年度考核评价在系统间排名往往靠后。因此，建筑企业应该"一系统一策"，对于安全监督系统可以仅由企业领导班子成员进行考核，为安全监督系统大胆开展监督工作扫除"心理障碍"。

3）向下监督

对于总公司来说，向下监督是履行安全生产职能的重点，也是履行监督职能的核心。此项工作包括对子分公司的系统运行情况督查和对重点项目的隐患排查治理。

——子分公司系统运行督查

系统运行督查的着眼点和重心在六大安全管理系统的有效运行和重点人员的安全履职上；延伸检查项目，对子分公司的体系运行情况进行验证。系统运行督查机构的职责不同于以往对各类"检查组"的认识，其工作重点不在项目现场，建筑企业要摒弃把系统运行监督的重心放在施工现场隐患排查治理的工作习惯和方式。

（1）工作目标。系统运行督查的工作目标就是通过对安全生产管理体系（包含各系统）的运行情况和相关岗位的安全生产履职情况进行系统性监督检查，对企业安全生产管理进行"把脉问诊"，实行"全面体检"，重点查找分析系统管理中存在的问题，提出解决方案或建议，并督促落实，从而推动企业安全生产管理体系的正常运行和持续改进。

（2）工作原则。一是坚持问题导向。系统运行督查工作应以发现问题、分析问题、解决问题为主线开展工作。通过督查发现、分析和解决被督查单位及管理系统在安全生产管理中存在的突出问题，持续提升被督查单位及管理系统的安全生产管理水平和能力。二是坚持本质施策。系统运行督查是透过现象看本质，通过对管理资料不完善、管理行为不规范、工作机制未落实、现场隐患较突出等管理现象的深入分析，发现和查找被督查单位及管理系统中存在的系统性、深层次问题。三是坚持系统治理。系统运行督查是从大安全的格局和角度去检视问题，对六大安全管理系统进行全方位、多角度的系统性检查，重点发现和解决各生产要素系统运行和各系统之间联动存在的问题。四是坚持主动沟通。系统运行督查机构人员应主动与被督查单位及管理系统相关领导和部门人员深入沟通，对存在问题的根源、整改解决的方式、下一阶段的思路等方面达成基本共识，避免简单生硬的沟通态度和程序化的"检查—开单—回复"督查方式。

（3）工作内容。重点监督下级单位"大安全"生产管理体系是否建立完善并正常运行，各系统是否正常构建并履行相应的安全生产职能，各系统之间的运行机制是否正常构建并运行，相关人员特别是关键岗位人员是否正常履职等，对发现的问题提出整改意见和要求并督促落实。

（4）工作方法。系统运行督查的工作方法类似于中医的"望闻问切"。因此，一要查阅相关资料，包括文件制度、会议记录，以及培训宣贯、检查整改、问题梳理分析、过程评审、考核评价等相关资料。通过查阅被督查单位及管理系统的相关资料信息，掌握其管理状态，发现管理中存在的问题。二要个别谈话沟通，通过与被督查单位及管理系统的相关人员进行个别谈话沟通，了解相关人员对安全生产工作的认识和理解、安全生产履职的基本情况、对个人如何正确履职和针对所负责工作的基本思路和方法、对安全管理所必需知识技能和工程项目现场情况的掌握情况及其他需了解的信息和内容。三要参与管理活动，包括参加安全生产相关的各类会议，参加施工调查和项目管理策划、管理交底。通过深度参与被督查单位的相关管理活动，了解相关管理活动的第一手信息和现场情况，较准确掌握和评估相关管理行为和管理活动开展的质量和成效。四要延伸项目验证，查验子分公司安排部署的工作工程项目部是否有响应、是否知道、是否有落实。这都能反应系统运转有没有成效、执行有没有打折扣。

系统运行督查应重点通过以上四种主要工作方法全方位掌握被督查单位及管理系统的安全管理和运行状态、相关人员的安全生产履职情况，查找管理体系运行中存在的突出问题，分析问题产生的深层次、系统性原因，提出改进意见和建议，并督促落实。

## 第五章　企业安全生产管理体系运行

### ——重点项目隐患排查

隐患排查治理对各建筑企业来说并不陌生，应该是各建筑企业落实安全生产职能的主要方法。对于企业内部的安全生产管理来说，层级越高，越应以监督为主，但作为总公司，难以做到对所有项目的全覆盖隐患排查治理，因此，总公司的隐患排查治理应树立导向、突出重点，以警示震慑和发现治理重大事故隐患为首要任务。

（1）隐患排查目的。一是发现和督办治理项目一般事故隐患和重大事故隐患。二是对现场及责任单位起到警示震慑作用。三是带动各层级主要领导、分管领导、各业务系统重视安全生产。四是为子分公司管控稽查项目的深度、广度和细度起到引领示范作用。五是建立重大事故隐患数据库，通过暴露出的隐患，深层次分析系统管理存在的问题，不断提高和完善顶层设计。六是对下属企业未开展隐患排查治理、明明有问题却查不出或查出后拒不整改等导致重大事故隐患长期存在的，参照事故调查处理，查清问题并按层级、按系统进行问责。

（2）隐患排查原则。一是缩短项目迎检"准备时间"。总公司的隐患排查组应当采取"四不两直"（不发通知、不打招呼、不听汇报、不用陪同接待、直奔基层、直插现场）方式，而往往在现实的工作当中很难做到。如果不提前告知，可能连工程项目部的具体位置都不清楚，这就需要隐患排查组提前做"功课"，掌握项目有关信息。二是重大事故隐患应坚持"严字当头"。排查中发现工程项目对安全生产敷衍应付、专项整治流于形式并存在重大安全隐患的，应留存影像资料及相关证据，及时上报总公司进行挂牌督办。三是工程项目现场隐患排查治理应"帮扶并举"。总公司的隐患排查组应当发挥督导、检查和帮扶于一体的职能，针对项目在安全生产管理上存在的问题给予帮扶指导。

（3）建立重大事故隐患判定标准。为准确判定、及时整改施工现场重大生产安全事故隐患，有效防范遏制生产安全事故，总公司应结合国家综合监管部门、行业主管部门制定的重大事故隐患判定标准，按照风险预判、预控不易到位，隐患危害程度大，可能导致群死群伤，造成重大经济损失、恶劣社会影响或危及企业声誉等原则，根据企业实际需要，制定企业重大事故隐患判定标准，确保重大事故隐患判定过程公平、公正，结果准确、客观。企业安全生产管理体系运行过程中，对已经出台的重大事故隐患判定标准应及时修订完善，增强操作性和实用性，并针对新问题、新风险补充完善标准要求；制定解读重大事故隐患判定标准、指南等配套文件，规范工作流程，提升工作质量。

（4）隐患整治闭合是工作的落脚点。隐患排查，重在治理，重大事故隐患应动态清零。总公司应建立重大事故隐患自查自改常态化机制，不断完善企业各领域专家、退休技术和安全管理人员参与排查整治工作的长效机制，加大支撑保障力度，提高排查整治专业性。排查过程中，对发现的隐患必须及时治理以消除隐患，打断隐患演变成事故的链条。在实施隐患排查治理过程中，不能就事论事，就整改谈整改，要针对现场排查出的隐患问题，深入分析原因，查找系统管理问题和系统管理原因，查找安全生产管理体系建立和运行中存在的突出问题，在此基础上制定有针对性的整改措施，按照"定人员、定时间、定责任、定标准、定措施"的"五定"原则整治闭合。

## 二、工程局层级安全管理体系运行

如前所述，工程局安全生产管理层级定位是"规划、管理、监督"。作为安全生产管理的主导层，管理职能和监督职能的发挥对工程局同等重要。在管理方面，重点做好以下工作：一是做好本层级的安全生产战略规划；二是安全生产管理体系构建和制度设计；三是"生产线"全过程、全要素管控；四是重点项目管理策划、过程管控及考核奖惩。在监督方面，重点监督所属子分公司及重点项目的"大安全"管理体系运行情况，开展项目安全隐患排查治理。

**1. 重点工作事项**

（1）战略规划。各管理层级战略规划大同小异，工程局的战略规划对于总公司来说属于其子规划，同样需要规划企业战略发展目标、安全生产目标和实现目标的举措等。在此基础上，应根据企业发展实际，重点对企业专业化子分公司和综合性子分公司的发展方向和定位进行战略规划，原则上应坚持把专业化公司做到更精、更强，让综合性公司全面发展。

（2）制度设计。总公司对制度体系进行了顶层设计，工程局制度体系设计起到承上启下的作用，应根据层级"规划、管理、监督"的职能定位，通过制度设计建立六大系统纵向贯通、横向协同的安全生产保障体系。

（3）"生产线"管控。安全管理的核心在"生产线"，安全管理的主体是

"生产线"系统,应牵头对重点项目进行管理策划及过程管控,其各子系统应对生产组织、施工技术、物资设备、分包管理等各类生产要素进行全过程管控。同时,管理决策系统、"协同保障"系统、安全监督系统、工程应急系统应按照职能分配发挥相应系统作用。

(4)监督体系运行。工程局安全生产监督体系运行机制主要有安全监督系统开展的平级监督、纪委系统开展的安全履职再监督,重点是围绕加强系统管理、夯实安全基础、提升管理水平,对子分公司和重点工程项目安全生产体系运转情况、机制运行情况进行"把脉问诊",帮助和指导子分公司和重点工程项目对发现的问题制定针对性措施,落实系统整改,不断总结提升。

(5)隐患排查治理。开展项目安全风险隐患排查治理是各管理层级治标的手段和方法。在此基础上,应对工程项目暴露的隐患问题进行深层次分析,找到问题背后的系统管理原因,为治本提供基础支撑。

**2. 主要工作方法**

1)战略规划的落地

工程局对企业专业化子分公司和综合性子分公司的发展方向和定位进行战略规划,此项工作为安全生产源头管控方法。在战略规划中应明确:根据企业安全发展需要,项目中标后,应按照专业特长确定负责施工的分公司。因此,对于一个新中标项目到底由哪家子分公司施工,企业管理决策系统需要根据专业能力和综合能力进行综合评估、集体决策。

**举例**:一个隧道工程项目中标以后,企业"关键少数"为平衡子分公司承揽任务份额,决定让一个没有隧道工程施工经验的房建专业子分公司承建,就极易导致发生生产安全事故。分析国内一些生产安全事故案例,事故背后就有因为子分公司不具备该专业施工能力和管理经验欠缺等原因,最终导致事故发生的案例。

2)制度设计重点

对于工程局制度体系设计,同样需要统领全局的"大安全"生产管理总制度。在此基础上,各系统应分别设计专项制度和执行标准类制度。对于制度设计重点,管理决策系统应把需要工程局进行决策的项目定位、项目管理模式、项目管理团队的组建等内容纳入决策类管理制度;"生产线"系统应在总公司制度基础上设计项目策划、方案分级等管理制度,根据项目技术难度、安全风险等级将项目进行分级,根据不同分级明确组织项目策划和方案评审的层级;安全监督系统应在总公司制度框架的基础上,结合企业实际和功能定位,制定相应制度体系。与此同时,各专项制度要增加流程图、流程说明、各类表单、权责清单等内容,解决制度存在的内容缺项、职责不明确、接口不清晰、边界不明确等惯性问题。

3)"生产线"系统运行

"生产线"系统应按照分级管理原则牵头对重点项目进行管理策划及过程管控,其各子系统要做好生产组织、施工技术、物资设备、分包管理等各类生产要素的全过程管控。

在管理策划方面,按照项目策划分级管理原则,"生产线"系统牵头组织对重难点、高风险项目进行项目策划。重点辨识项目生产安全风险、工程专业类别;重点制定项目安全、质量、工期、环水保、经营等管理目标;合理划分施工任务,让综合子分公司干综合,专业子分公司干专业,急难险重工程项目由成熟公司挑重担;重点策划临建工程的选择、初步评估安全风险;重点策划项目需要制定的安全专项施工方案、采取的主要技术防范措施;重点策划物资设备的配置;重点策划分包队伍的选择,是分工序分包还是专业分包,如果是劳务分包要选择有经验、信用好、听指挥的队伍。

在生产组织方面,应秉持"均衡生产、适度超前"的管理理念。一是抓子分公司对上级政策和生产部署的落实情况。二是抓局管新中标重点项目开工建设,对开工前的各项工作进行梳理,形成工作清单,明确完成时限,落实具体责任人。三是抓重难点项目关键要素配置,例如对复杂地质隧道、深水大跨桥梁等特殊工程明确分包方案,对项目所需的物资设备做好统筹配置。

在施工技术方面,在按照分级管理原则制定完善技术保障体系、编制企业内部技术卡控标准和应知应会手册、组织进行方案分级评审、推动技术创新的基础上,技术保障子系统在系统内除了一级抓一级、层层抓落实,还需要建立一定的工作机制。例如,定期进行技术梳理分析,开展"技术系统定期下项目检查和能力提升活动"或者借助"管控稽查机构"等机会到项目现场验证等,这些都是方法和手段。

在物资设备方面，在做到日常管理规定动作的同时，对超过一定规模的大型设备或非常规设备应实施多层级联动，管控进场设备验收，落实过程检查。根据各类设备运行风险，划分各层级设备定期检查频次。通过市场上已经成熟的技术手段实时监控设备检查运行情况，同时可以与工程局管控稽查机构实施联动，对项目现场实际情况进行验证。

在分包管理方面，对本级项目和子分公司要做好政策支撑，减少和封堵不公平干预路径，为"不敢管、不想管"扫除政策障碍。分包方式、分包队伍的选择要充分评估与项目施工实际的契合度，并在决策会议上进行集体决策。

4）综合管控排查运行机制

"生产线"系统要做好生产组织、施工技术、物资设备、分包管理等各类生产要素的全过程管控；安全监督系统要组织开展项目的安全风险隐患排查治理。如果仅仅依靠工程局系统部门去开展以上工作，难以从管理时间上、管理深度上、管理精度上、管理覆盖面上满足企业"大安全"系统管理要求。因此，工程局应在本部系统职能部门的基础上，设置若干支综合管控排查组，业务上受"生产线"系统、安全监督系统领导与指导，是企业"大安全"生产管理系统在项目上的延伸。

（1）管控排查组的定位。管控排查组是系统管理的载体和平台，是系统管理最小的移动单元，也可以把其比喻成工程局本部的眼睛、耳朵和腿。组员分别由"生产线"系统其子系统和安全监督系统专业人员组成，体现系统管理观念，体现系统间的协同配合，体现从指导、稽查、管控到帮扶的立体化预控机制。

（2）管控排查覆盖。建筑企业的工程局应充分评估经营业态特点、项目数量、区域分布情况，配齐配强管控排查组支数和人员数量。根据职能定位，应充分对每支管控排查组季度覆盖项目数量进行评估，对管控区域项目实现季度全覆盖，这也需要根据每一个建筑企业的实际情况进行动态评估。同时，要健全工程局管控排查组与子分公司管控机构之间的沟通联动机制，强化管理衔接，避免重复无效检查、多头交叉检查。

（3）管控排查机制。管控排查机制以管控排查组现场稽查、管控排查周梳理分析、季度管控例会等运行机制为抓手，各项机制运行各有侧重，目的是用系统管理的手段和方法践行职能定位，最终实现"大安全"管理的标本兼治。

（4）管控排查机制作用。一是直接面对工程项目部，在管控排查中，将上级单位政策、要求以及重点工作部署及时快速地传递到施工现场，提高政策的传递速度，缩短政策传递路径。二是管控排查组成员工作时间较长，有丰富的现场施工经验、管理经验，在管控排查中通过交流，将自身经验、好的做法分享给被检查项目，做到取长补短，从而提升项目管理水平。三是能够将项目管控信息第一时间真实地传递到工程局本部各个系统部门，相关系统部门收到管控信息后，从系统管理的角度进行研究分析，分析个性问题、共性问题等。四是对问题按照责任单位、责任系统进行及时处置。五是体现了各业务系统上下联动、横向协同，发挥系统合力。

（5）管控排查机制运行。每支管控排查组根据管控区域的项目，按照分级原则，对重大、较大、一般和低风险的项目按照重点先后进行稽查管控，对项目生产组织、技术管理、物资设备、分包管理、安全监督管理和教育培训等进行全方位的检查。管控排查组对项目的检查就是对项目系统管理的一个体检，既查现场问题，也查管理问题，同时也对项目管理中遇到的一些问题进行帮扶指导。每个项目查完需形成管控报告，以便留给项目进行整改。管控报告一般分为总报告和分报告，分报告是按系统进行划分（"生产线"系统、安全监督系统等）。问题报告中的问题要及时递交给工程局对口的业务管理部门。

（6）管控排查周梳理分析。可以把这项机制理解为工程局的"周交班会"。会上除通报上周的产值、进度和业主反馈问题等方面信息之外，重点要研究解决上周管控项目问题应采取的措施。结合建筑业管理特点，分管安全生产的领导、总工程师，"生产线"系统、安全监督系统需要参加管控排查梳理分析会议，其他系统根据实际情况临时确定是否参与会议。当前，信息化管理比较发达，大多数建筑企业往往通过视频会议和现在所谓的"工作群"来替代面对面的会议交流，但这种做法大大降低了会议效果。

（7）季度管控例会。运行季度管控例会机制的原因是要扩大"大安全"管理系统参会人员范围，按季度对管控排查机制进行梳理纠偏，当然也可以按照月度进行梳理纠偏。季度管控例会由分管安全生产的领导牵头，总工程师、安全总监、六大系统等部门相关负责人和管控排查组成员参加。会议内容包括总结上季度管控工作，分析安全管理态势，查找共性、惯性问题和突出问题，布置下季度管控排查工作。

(8) 兼顾隐患排查治理。综合管控排查组本身具备项目隐患排查治理职能，原则上企业无需再单独成立若干临时机构开展此项工作。同时，国家、地方监管机构、建设单位、项目上级单位等不定期或常态化开展的各类专项检查或隐患排查治理也可以依托管控排查组完成。

**举例**：在工作生活中，经常会听到某建筑企业分管安全生产的领导工作很辛苦，其实学会了工作方法不见得很辛苦。若靠两条腿去跑、去管项目，一定管不过来，但若把管控排查组用好，由它来替代完成工作，则会决胜于千里之外。所以管控排查机制绝不是纸上谈兵，而是经过反复实践验证行之有效的管理方法。

5) 专业管控小组运行

不同的建筑企业经营范围会有所不同，有些工程局以公路、铁路、市政等为主营业务，有些工程局以水库、大坝等水利工程为主营业务，有些工程局又以房建工程为主营业务。风险的来源有工程风险、环境风险和管理风险，不同经营业态的工程局所面临的工程风险也有所不同，而防范工程风险本身主要是制定技术防范措施。

因此，以一个桥梁、隧道为主营业务的工程局为例，可以成立桥梁、隧道专业管控小组，成员由桥梁、隧道等专家组成，侧重于现场技术服务监督和指导帮扶。借助日益完善的信息化手段，随时掌控现场情况并根据需要及时前往现场检查指导和解决技术难题。专业管控小组与综合管控排查组既分工明确、各有侧重，又目标一致、接口清晰、互为补充、有机衔接。

## 三、子分公司层级安全管理体系运行

子分公司安全生产管理层级定位是"管理、帮扶和纠偏"，围绕实现项目管理目标，以项目管理为核心开展工作。运用"岗位资格认证、标前评审、施工调查、项目策划、管理交底、督导纠偏、机制构建、梳理分析、考核奖惩"等主要工作方法实现项目管理目标。与工程局安全生产管理体系运行相通内容不再重复赘述。本小节重点围绕子分公司对工程项目全生命周期管理进行阐述。

**1. 岗位资格认证**

岗位资格认证在一些建筑企业已经实施。在安全管理方面，主要针对安全监督系统人员进行岗位资格考核认证，这当然没有问题，但是根据"大安全"系统理念，安全管理不仅仅是安全监督系统，还涉及六大系统。因此，为促进六大系统人员安全管理综合素质和能力提升，达到为企业培育优秀人才的目的，子分公司应该制定安全生产资格考核认证办法。这项制度的制定也可以由上级公司（工程局）完成。编制覆盖各系统的安全生产题库，特别要对子分公司本部和工程项目两级"生产线"系统和安全监督系统的管理人员，以管生产经营必须管安全、管业务必须管安全为导向，本着"干什么、学什么、考什么"的宗旨，进行全覆盖考核。考核不达标的可以采取不予职务提升或与绩效薪酬挂钩，从而有效促进全员安全生产意识的提升，提高全员综合素质。

**2. 标前评审**

标前评审是企业源头风险预控机制的重要组成部分。对拟投标的重点工程项目，经营开发子系统标前应组织相关专业人员对投标项目进行现场调查，编制现场调查报告；根据专业特长、工程业绩、技术难度、安全风险情况优选标段，并组织对项目工程的重点难点、重大安全质量风险等进行综合评审，形成标前评审意见，作为公司的投标决策依据。企业应明确安全风险"禁投"红线和"慎投"底线范围，严格执行慎投项目评审流程。对"慎投"项目实施专人专班负责、外部咨询评估等措施，深入且全面地搭建安全风险预控平台。

**3. 施工调查**

工程项目开工前，子分公司应组织"生产线"系统、安全监督系统等相关人员对工程线路、地质水文、周边环境等进行详细踏勘和施工调查。根据项目的工程难点、特点初步辨识评估项目安全风险，形成书面《施工调查报告》。在此过程中，工程项目部全过程参与项目施工调查，并在子分公司调查基础上进行细化、深化。同时，对项目的安全风险进行全面、深入地辨识评估，并针对存在的风险细化管控措施。

**4. 项目管理策划**

施工调查完成后，子分公司应组织进行项目管理策划。项目管理策划是子

## 第五章 企业安全生产管理体系运行

分公司策划的重点,只是按照分级管理原则,工程局侧重对本级项目和重难点项目进行管理策划;子分公司则围绕各项管理目标组织开展全过程、全方位的项目管理策划。项目管理策划应做到内容全面、结构合理、目标明确、思路清晰,各项策划内容要形成清单,并按照一定模板形成《项目管理策划书》。项目管理策划要点应包含以下与安全生产紧密相关内容(包括但不限于):

(1) 项目安全生产目标(包括项目定位)。

(2) 项目组织模式(组织机构、责任矩阵、项目制度等)。

(3) "生产线"策划。包括施工组织策划(总体安排、进度计划、临时工程策划、资源配置计划等)、施工技术策划(风险辨识初步评估、针对主要风险的管控措施、方案策划、科技保安全策划等)、物资设备策划(物资设备及管理策划、设备配置及管理策划等)、分包管理策划(劳务队伍配置及管理策划,队伍如何选择、施工任务如何划分等)。

(4) 安全监督策划(项目安全管理制度清单、危险源初步辨识评估及控制措施、应急管理等)。

(5) 项目应建立的主要运行机制工作要求。

(6) 项目安全生产激励考核策划。

(7) 安全生产其他应重点注意事项及管理要求。

**5. 管理交底**

建筑企业对管理交底的常规理解往往是工程项目开工前,根据工程项目重难点和风险等级,子分公司就项目管理目标、管理重点、管理要求及采取的措施对工程项目实施管理交底,形成书面管理交底记录,忽视了按照层级管理的职能定位,项目部重点应是执行上级管理制度这一交底任务。

在建筑企业的工程项目部经常出现各业务系统甚至是班子成员不清楚业务开展具体流程、工作标准、考核政策等现象,更多的是凭感觉、凭经验、凭习惯开展安全管理工作。而实际上,这些内容在上级管理制度中已经明确规定,只是项目管理人员不清楚、没有学,甚至于不知道有这些管理制度。上面风高浪急,基层风平浪静,安全管理的压力根本无法有效传递。因此,子分公司对工程项目的安全管理交底应重点包括项目各系统要重点执行的与安全生产相关的管理制度、重要条款、执行标准,要将与安全生产有关的制度知识要点一并进行管理交底。

**6. 过程督导纠偏**

1) 督导纠偏原则

**全方位**：子分公司对所有项目必须做到无死角、无盲区。特别是一些风险相对较低、地理位置较为偏远、体量相对较小的项目，易成为公司管控的盲区死角，可能蕴藏着巨大的系统性风险，必须建立一定的机制，将其纳入常态化管控范围。

**全要素**：子分公司必须对"大安全"系统各类生产要素的各个环节进行常态化、全覆盖的有效管控，以此为安全生产提供基本保障。

**全过程**：子分公司必须从项目的进场开始到项目竣工交验结束进行全过程的有效管控。特别是针对项目开工进场、收尾、缺陷整治、停复工等特殊阶段，易出现管理资源欠缺、信息传递不畅、管理体系运行不正常等状况，应加大关注和管理力度。

2) 重要抓手"工作机制"

子分公司是项目管理后台的实施主体，对项目的重大风险、重要方案、重点资源进行常态化梳理分析和管控，而把公司管理制度和管理要求转化为具体管理动作的重要抓手就是"工作机制"。建筑企业无论是哪个管理层级都有很多工作机制，且绝大多数工作机制应是上下层级贯通、横向协同运行。按照时间维度划分，常见的有碰头会、安全生产会、安全生产委员会、考核评价、教育培训、案例警示教育、现场会等定期工作机制和安全生产条件验收、首件验收、危大工程管理、安全生产检查、约谈通报等常态化工作机制。这些工作机制在大多数建筑企业都有运行，至于是否规范，是否科学、系统，主要取决于顶层设计的质量。本小节主要针对建筑企业容易忽视或者没有建立且又比较重要的工作机制进行阐述。

（1）延伸管控机制。按照子分公司的职能定位，全面履行对工程项目管理的主体责任，可以成立安全生产管控小组作为子分公司前后台安全生产管理的延伸。安全生产管控小组主要作用包括：

一是发挥"小喇叭"作用。直接面对工程项目部，在管控过程中，将子分公司政策、要求以及重点工作部署及时地传递到施工现场，提高政策的传递速度。

二是发挥"教练员"作用。安全生产管控小组成员应配备工作时间较长，且有丰富的现场施工经验、管理经验的专业人员。在管控检查中通过交流，将自身经验和其他项目好的做法分享给被检查项目，从而提升项目管理水平。

三是发挥"接力棒"作用。指导帮扶项目部对工程局管控排查组发现问题进行整改和闭合验证，对工程局管控排查未覆盖项目进行全覆盖管控。

四是发挥"报警器"作用。安全生产管控小组发现项目存在安全生产体系运转问题和现场风险隐患问题，可以及时反馈至子分公司相关业务部门，避免项目部将存在的问题掩藏起来，导致不能发现项目存在的"系统综合征"问题。

五是发挥"缆风绳"作用。安全生产管控小组在管控、指导、帮扶和检查时，在工程局管控排查的基础上，加大管控深度、广度，分析系统深层次原因，全方位对项目安全生产进行管控，防止项目在生产组织、施工技术、物资设备、分包管理和安全监督等方面出现偏差。

子分公司延伸管控的周交班机制、月度管控分析机制实质与工程局管控排查组的运行机理大同小异，只是因为层级职能定位、管理权限、掌握资源的不同，使发现问题、分析问题和解决问题的能力和深度有所不同，各有侧重。

（2）双重预防机制。双重预防机制很重要，贯穿安全风险从辨识、预控到排查与治理的整个链条，涉及"大安全"生产的各系统及其子系统。子分公司双重预防机制的运行重点作以下提示：

一是明确双重预防职能分配。明确由各层级技术保障子系统牵头，组织专家及相关部门开展安全风险辨识评估，进行风险等级判定，制定技术管控措施；各业务系统按照职能分工，制定相应管理管控措施，落实分级管控。各层级由安全监督系统牵头，组织相关人员开展危险源辨识和评估，组织定期或不定期进行隐患排查治理，督促隐患整治闭合。

二是实施专家判定制。按照"层级覆盖、技术支撑"原则，在风险辨识评估和风险等级判定阶段，实施专家判定制，充分发挥专家团队作用。

三是制定风险分级管控标准。以专业覆盖为基本方法，将安全风险由高至低划分为重大、较大、一般和低风险四个等级。可以按照管理、专业和作业进行分类，制定工程项目生产安全风险分级管控标准。

四是制定重大事故隐患判定标准。结合上级发布的重大事故隐患判定标准，制定工程项目生产安全重大事故隐患判定标准。在此基础上，必要时可通过管控例会分析、集中讨论、组织专家论证等方式进行综合评估，判定重大事故隐患。

（3）梳理纠偏机制。安全生产是系统工程，子分公司各业务管理系统应定期对公司本部和工程项目部各专业系统的工作开展情况进行梳理分析。按照时间维度建立定期梳理分析工作机制，掌握情况、梳理思路、分析形势、查找问题、制定措施、持续改进，这也是很多建筑企业目前没有做到或者没有坚持去做的一项机制。例如，"生产线"系统的技术保障子系统、生产组织子系统、物资设备子系统、分包管理子系统应定期进行系统内业务的梳理分析。

一是技术方案梳理分析。由技术保障子系统组织有关业务部门，按照分级管理的要求，对本季度（或月度）工程项目重点施工方案的编制、评审、执行等情况进行梳理，查找分析方案管理中存在的突出问题，提出解决措施和工作要求，形成《技术方案分析报告》并下发，并督导落实和现场验证。

二是生产组织梳理分析。由生产组织子系统组织有关业务部门，对本季度（或月度）重难点项目实施性施工组织设计的执行情况、资源配置、过程管理、施工进度等情况进行梳理，查找分析施工组织管理中存在的突出问题，提出解决意见和相应要求，形成《施工组织分析报告》并下发，并督导落实和现场验证。

三是大型设备梳理分析。由物资设备管理子系统组织有关业务部门，按照分级管理的要求，对本季度（或月度）工程项目进场的大型设备、特种设备的采购、租赁、使用、维护等情况进行梳理，查找分析设备管理中存在的问题，提出解决措施和工作要求，形成《大型设备分析报告》并下发，并督导落实和现场验证。

四是分包队伍梳理分析。由分包管理子系统组织有关业务部门，对本季度（或月度）工程项目重点分包队伍的准入引进、过程管理、考核评价等情况进行梳理，查找分析分包管理中存在的突出安全管理问题，提出解决措施和工作要求，形成《分包队伍分析报告》并下发，并督导落实和现场验证。

**7. 收尾阶段管控**

建筑企业生产安全事故发生在工程项目收尾阶段的情形比较常见，发生事故的作业主要有起重设备拆除作业、项目驻地拆除作业、临时工程拆除作业、零小散附属工程施工作业、主体工程缺陷整治作业等。而子分公司对于收尾阶段的项目管理往往极易忽视，主要特点表现在：一是裁撤部分项目管理机构和人员，导致管理系统缺失、监管系统失效。二是项目在岗管理人员身兼多职，同时负责生产组织、施工技术、安全监督等，系统无法正常运转。三是收尾阶段项目管理人员思想易松懈，从而放松对现场安全生产管理。四是子分公司对收尾阶段的项目监管弱化，甚至不管。在这种情况下，极易导致生产安全事故。

因此，子分公司管理决策系统应把收尾项目的管理模式、组织机构、考核模式等纳入决策范围，从管理源头上防范风险。同时，按照子分公司全面落实企业安全生产管理的职能定位，应以保证现场生产安全为底线、红线。收尾项目不是不能裁撤部分机构和人员，是要充分考量裁撤的人员是否影响"大安全"生产系统正常运转，生产安全是否能得到保证。子分公司应杜绝管理盲区，将收尾项目纳入同步监管范围。

**8. 考核评价支撑**

子分公司六大系统能否有效执行制度、能否按照有效的工作机制运行，工程项目安全生产管理深度策划（项目体系运行小节进行详解）能否落实落地，除依靠理念认同、文化认同、安全领导力等系统"联系"的要件外，还要依靠考核评价机制进行支撑。

1）为六大系统机制运行提供支撑

企业各层级应建立贯穿各系统的安全生产奖惩制度，安全生产绩效应与各系统人员的履职评定、职务晋升、奖励惩处挂钩，执行安全生产"一票否决"。同时，结合企业管理实际，应定期开展对六大系统的安全生产管理体系运行及全员安全生产责任制落实情况的考核评价。坚持"内外有别、内方外圆"，避免对各系统、各岗位履行安全生产责任的考核机制盲转、空转和假转。根据考评情况实施经济奖罚、通报约谈及其他奖惩措施，倒逼全系统安全生产责任的落实。

2）为项目深度策划执行提供支撑

子分公司作为项目的管控层，应制定符合项目管理实际的考核奖惩评价制度，为项目深度策划的执行与纠偏提供有力支撑。将工程项目各类安全管理考核评价结果（含过程考评、征候管理、事故追责等）与项目全员的绩效薪酬、评先评优、干部任用等充分挂钩。

## 第三节　项目层面的体系运行

工程项目部是项目直接管理执行层，安全生产管理层级定位是"贯彻、落实、执行"。作为安全管理的终端和执行层，在确定项目组织模式、科学配置项目人员的基础上，工程项目部应严格细化和执行上级单位的各项管理制度，以"风险-隐患-险情-事故"链条为主线，以开展项目安全管理全要素、全周期、全链条的深度策划为前提，以构建有效实用的运行机制为抓手，以考核评价为支撑，驱动项目安全生产管理体系正常运行，确保施工现场安全风险可控。

### 一、项目组织模式

**1. 确定项目管理模式**

项目管理模式分为直管项目模式、托管项目模式、区域经理部模式。其中，直管项目模式、托管项目模式为传统的项目管理模式，是一种最为成熟的项目管理模式。托管项目模式是由工程局授权某一子分公司代行管理职能。该模式可实现扁平化管理，在提高管理效率、降低项目管理成本方面发挥有效作用，但该模式对于一个管理能力、管理资源有限的子分公司，无疑会给安全生产带来隐患。同时，随着区域化、专业化滚动发展，在项目比较集中的区域或城市，采取区域经理部模式管理的企业也不断涌现。

项目中标后，企业管理决策系统要根据项目专业特点、施工环境、安全风险等情况综合判定采用何种项目管理模式，不能由"关键少数"决定，如让没有隧道施工经验的子分公司施工隧道、让没有房建施工经验的子分公司施工房建，势必在管理源头上埋下安全隐患。

**2. 组织机构设置原则**

系统的目标决定系统组织，组织是目标能否实现的关键因素。确定项目管理模式后，应按照履约要求和项目管理实际成立临时项目管理机构，代表法人进行合同履约。应秉承如下原则：

（1）目的性原则。明确工程项目安全、成本、质量、进度等管理总目标，建立一套完整的目标体系。各部门、各岗位的设置，上下左右关系的安排都必须服从各自的目标和总目标,做到与目标相一致,与任务相统一。

(2) 效率性原则。尽量减少机构层次(如工区可设可不设,应遵循不设原则)、简化机构,各部门、各岗位应职责分明、分工协作。要避免业务量不足,人浮于事或相互推诿,效率低下。力求工作人员精干,一专多能,一人多职,工作效率高。

(3) 业务系统化原则。在工程施工建造活动中,不同单位工程,不同组织、工种、作业活动之间的业务关系,涉及项目各系统业务部门。为体现责、权、利统一,设置项目组织机构时充分考虑利于各项业务有效工作的方式,可根据项目管理实际设置系统部门,创新性精简或合并强相关业务部门,使业务管理与现场安全生产管理更加匹配,形成上下一致、分工协作的严密完整组织系统。

(4) 弹性和流动性原则。项目组织机构应能适应施工工程生产活动单件性、阶段性、流动性的特点,具有弹性和流动性。当生产对象和资源配置发生变化时,项目组织机构应能及时作出相应调整和变动,要根据工程任务的变化对部门设置增减、将人员合理安排。在保证施工现场安全生产的前提下,始终保持精干、高效、合理的管理水平,杜绝系统缺失、管理漏洞、监管盲区等情形。

**3. 打通"最后一公尺"**

工程项目部按照安全生产管理的层级定位以执行为主,重点是执行上级管理制度、各项工作机制、项目深度策划等工作要求。而建筑企业安全生产的实际执行主体在作业层,工程项目安全生产管理的好坏往往取决于分包队伍自身管理能力和水平,多数建筑企业的项目管理人员没有直接参与班组安全生产管理。因此,在建筑企业长期存在"上热、中温、下冷""安全生产管理要求层层衰减""末梢堵塞现象严重"等工程项目部与作业层间的管理隔层问题,这愈发凸显打通"最后一公尺"的重要性。

1) 打通"最后一公尺"的责任主体

当前,多数建筑企业各项管理要求、工作指令达不到"神经末梢",也就是作业层的问题没有实质性解决,导致竿插不到底、水流不到头,使传导走了过场、下压流于形式,难以形成上下贯通的合力。因此,建筑企业应当下定决心解决这个"最后一公尺"的问题。如果按照总公司、工程局、子分公司和工程项目部的层级定位，打通工程项目部和作业层间管理隔层问题应该是以"管理"职能定位为主体的层级单位，也就是在工程局和子分公司层级。因此，子分公司层级应围绕现实困局，从体制、机制上解决这个问题。

2）打通"最后一公尺"的管理路径

要想打通"最后一公尺"，就要围绕"问题"分析问题和解决问题。为什么安全生产的管理指令进不了作业层？因为目前多数建筑企业的管理体制机制：项目现场管理人员不参与施工班组的直接管理，安全管理进班组的途径缺失，没有穿透式管理的桥梁和纽带。因此，打通工程项目部和作业层间的管理隔层要从体制机制上进行改革创新。创新的方法包括：

（1）工程项目部设置施工生产部门。随着人口老龄化的不断加剧，大型建筑企业原来自有的施工员、领工员队伍逐渐缩减，不难发现当前工程项目现场实际充当施工员、领工员角色的多由毕业近几年的技术人员进行兼职，实则大部分未发挥施工员、领工员作用。多数技术人员也不具备相应的管理能力。在这种情况下，安全生产管理指令进班组的渠道不断弱化，甚至是没有渠道。因此，在现有管理体制机制的基础上，可以设置施工生产部门，人员配备有施工技术专业人员、生产管理专业人员等。通过这个机构配备班组长、施工员和领工员专门负责组织施工作业人员施工，同时负责安全生产管理各项指令的传递、执行和开展班前安全讲话。

（2）科学设置人员进出、成长通道。工程项目部设置了施工生产部门，就要解决班组长、施工员和领工员从哪里来，到哪里去的问题。当前，各大型建筑企业人才来源主要是大学毕业生，但大学毕业生又有谁愿意从事班组长、施工员和领工员的工作？因此，工程局、子分公司要建立人才成长培养机制，不能打通了"最后一公尺"，又堵塞了班组长、施工员和领工员的成长、成才通道，可为这些岗位人员设置一定比例的工区主任、项目副经理等晋升通道，解决人往哪里去的问题。

## 二、项目管理人员配置

当前，大多数建筑企业建立了工程项目部机构定员管理办法，对项目部领导班子配置数量、部门设置数量、管理人员数量进行了规定，也就是俗称的"定编管理"。定编制度只是规定了人员配置原则和数量，但是具体如何搭建班子团队、配置系统部门人员没有现成的办法制度，往往依靠企业传统的管理方式进行决策，如个人申请、项目经理推荐、分管区域领导内部调剂等，人员调配系统性不足。

**1. 项目班子核心层人员**

项目班子核心层人员包括项目经理、项目书记、总工程师、项目副经理和安全总监等。项目班子成员的能力、素质、状态直接或间接影响安全生产，企业管理决策系统负责分析、研判、选定项目班子核心层人员，应摒弃"关键少数"作决定的传统做法，特别是要统筹考虑项目经理、总工程师、项目副经理、安全总监在管理上的协同互补作用。比如，一个深水桥梁工程，项目经理缺少此工程的管理经验，在总工程师选择时，就应侧重考虑其必须具备此类工程的施工经验、技术经验和管理经验；项目副经理能否科学组织生产、安全总监是否具备综合监管履职能力要进行充分评估。

**2. 项目关键岗位人员**

安全生产管理责任主体在"生产线"系统，其生产组织、技术保障、物资设备、分包管理等子系统部门人员是项目安全生产管理的关键岗位；安全生产监督责任主体在安全监督系统，其部门监督人员是项目安全生产监督的关键岗位。以上系统配备岗位人员的素养、数量、质量等直接影响甚至决定项目的安全生产状态。因此，项目关键岗位人员配置至关重要。

在企业内部经常出现一种情况是新中标项目无人可用，在建项目出于本位主义考虑也无人可推荐，企业人力资源部更是无法判定哪些人员可调配以及调配人员是否满足新中标项目履职需求等。在此种情况下，企业可以实行工程项目部、企业人力资源部、各系统业务部门"三方共建"，以系统业务部门为主，企业各系统部门制定有效措施，加强专业人才培养与系统队伍建设，提升系统业务管控与服务能力，为项目管理团队建设提供人才支撑，建立本系统人才库，及时高效调配人员。

## 三、项目安全管理深度策划

随着社会的不断发展，管理模式的不断更新，进行项目全过程管理策划已成为大多数建筑企业的共识，只是策划的方向、重点和表现形式有所差异。那么，安全管理的深度策划又是什么？到底如何策划？策划到什么深度？作用是什么？会不会增加项目的工作量而起不到效果？

**1. 深度策划定义**

项目安全管理深度策划是工程项目管理总策划的一个专项，是安全专项管理工作的推演，是工程项目系统安全管理的预控计划。策划不是制定制度，是执行上级制度。政府监督要求＋上级管理制度＋建设单位要求＋监理单位要求＋项目管理实际＝项目安全管理深度策划书，也可以叫做项目执行工作手册，这已属于项目的安全管理制度，因此理论上讲，工程项目无需再重复制定制度。

**2. 深度策划开展**

项目安全管理深度策划就是事前要策划、事中抓执行、事后有复盘。而开展项目安全管理深度策划是落实以上工作的前提和基础，具体路径要围绕项目准备阶段、施工阶段、收尾阶段开展项目深度策划，抓好策划的运行与纠偏，做好运行情况总结与提升，同时上级公司要进行全过程帮扶、管控、政策支持。

**3. 深度策划组织与管理**

工程局、子分公司按照企业内部对重点项目、风险项目和一般项目管控层级的相关规定，组织现场调查，完成工程项目管理总策划的制定、评审等工作。在此基础上，项目经理组织项目各业务部门开展安全管理的深度策划，形成评审稿后，报上级公司进行评审。上级公司由分管安全生产的领导组织有关部门进行专项评审，策划审定后，下发工程项目部实施，并进行动态管理。

**4. 深度策划主要内容**

安全管理深度策划事项要具体、可操作、接地气，对安全管理要进行推演，要有具体事项、有明细清单、有人员分工、有明确时限、有工作要求，清单可以采用表格化方式表达。上级单位、业主单位等已有的标准和要求，工程项目部重在执行，理论上无需重复制定相应制度。深度策划的内容包括六大安全管理系统与安全生产相关的工作策划，每一项工作策划包括若干子工作策划。每项子工作策划要对"管什么"明确到具体工点、工序或班组，对"谁来管"明确到具体岗位人员，对"怎么管"明确到时间点、频次周期、工作标准、具体方法及工作要求等。

**举例**：工程局、子分公司项目管理制度基本都会对隐蔽工程的工序旁站要求进行规定,项目上如果再去把这项要求"照搬照抄"就多余了。项目能做的是对这项工作进行深度策划,按工点、段落、工序把项目所有隐蔽工程梳理出来,之后分工到人,明确旁站内容、旁站要点、旁站要求,从而形成隐蔽工程安全管控策划工作清单,这就是项目的工作制度和工作要求。换言之,不管项目领导如何更迭,这张表和工作要求就是隐蔽工程旁站这项制度的工作要求。隐蔽工程旁站深度策划见表5-1。

表5-1 隐蔽工程旁站深度策划

| 序号 | 单位工程 | 隐蔽工序 | 旁站人 | 责任人 | 责任领导 | 工作要求 | 工作输出 |
|---|---|---|---|---|---|---|---|
| 1 | ×××大桥 | 桩基钢筋笼吊装、混凝土浇筑 | 旁站人1:××× | 技术主管××× | 副经理××× | 1. 全过程旁站工作要求<br>…… | 现场旁站记录表 |
| 2 | | | 旁站人2:××× | 技术骨干××× | 总工××× | …… | |
| …… | …… | …… | …… | …… | …… | …… | …… |

### 5. 深度策划的执行及纠偏

工程项目部安全生产管理功能定位是"重在执行",安全管理工作涉及辨识评估、措施制定、培训交底、过程卡控、检查整改、考核奖惩、应急处置等定期和不定期工作机制,涉及生产组织、施工技术、物资设备、分包管理、安全质量等生产要素的全过程管理。按照"大安全"管理理念,深度策划已包括系统管理的核心内容和关键环节。因此,深度策划的执行及纠偏是破解项目安全管理难题的利器,也是项目落实"重在执行"的主要途径和方法。

(1) 深度策划的执行靠培训。教育培训是安全管理重要工作,是贯彻落实深度策划的重要支撑。所熟知的工程项目教育培训工作有新进场人员培训、日常培训、专项培训、班前讲话等,这些培训也是深度策划的内容之一。但是,对于安全管理专项深度策划的要义,项目管理人员可能比较陌生,因此,该项工作要对全员进行宣贯培训。在组织开展教育培训的同时,应不断创新培训方式，运用微课堂、云平台、培训工具箱、动漫及视频等手段持续提升培训效果。

（2）深度策划的执行靠系统。安全生产工作是系统工程，靠哪些系统呢？靠与安全生产相关的各个系统，管理主体靠"生产线"系统。各系统按照深度策划的要求去执行，并结合项目管理实际进行动态调整和纠偏。"大安全"管理系统能够按照要求有效运转，从理论上讲就不会发生生产安全事故或事件。

（3）深度策划的执行靠机制。靠日碰头、周交班、月度例会、技术例会、隐患排查治理等定期工作机制，靠风险辨识评估、施工方案、技术交底、三检制、领导带班、关键工序验证、首件验收、安全条件核查等常态化工作机制，靠标前评审、施工调查、管理策划、管理交底、策划评估检查、施工过程管控、竣工交验、回访与整治等工程项目全周期安全管理工作机制。每项工作机制都应明确主责领导、主责部门、参与部门、工作开展频次等内容。

（4）深度策划的执行靠奖惩并重。考核奖惩是深度策划能够落地落实的主要手段。制定科学合理的考核奖惩制度责任主体在上级公司，工程项目部如何用好考核奖惩制度，如何借势用力是制度能否有效发挥作用的关键。考核奖惩的对象应包括系统管理人员、现场管理人员和分包队伍人员等。工程项目部可在上级公司审核同意的基础上，细化分解深度策划责任清单分解考核、现场卡控落实专项考核和深度策划执行后评价考核。采取定性与定量相结合方式，细化分解责任，分阶段按照事前、事中、事后进行考核。只有真正压实考核奖惩责任，考核奖惩的支撑防线才能发挥作用。

（5）深度策划的执行关键在"项目负责人"。项目负责人是工程项目部的"关键少数"，应当亲自组织制定并落实全员安全生产责任制，细化分解形成安全岗位责任清单，亲自组织制定安全管理深度策划，亲自组织开展月度检查、月度例会等定期工作机制，抓实班子之间、部门之间、部门与工区之间、管理人员与分包队伍之间的工作界面统筹。这些工作是深度策划能否有效执行落实的关键所在。

（6）企业做好执行及纠偏的后台支撑。政策制定、资源统筹等的管理权限一般在企业上级。上级公司一是要做好制度支撑，制定相关配套制度。二是按照分级管理原则，及时做好施工调查和项目策划，此项工作是开展工程项目安全生产管理专项策划的前提。三是在深度策划执行的过程中开展稽查、"回头看"等活动,对执行情况及时进行帮扶和纠偏。

## 四、项目重要工作机制

工程项目部直面施工现场风险,应以施工现场风险全过程管控为主线。深度策划的执行靠日碰头、周交班、月度例会、风险辨识评估、隐患排查治理等定期工作机制,靠施工方案、技术交底、三检制、领导带班、关键工序验证、首件验收、安全条件核查等常态化工作机制,靠工程项目全周期安全管理工作机制。通过工作机制的有效运行,确保上级各项管理要求和深度策划的落地执行,推动实现管理体系的正常运转。

**1. 定期工作机制**

1)风险辨识评估

进行风险辨识评估是落实双重预防机制的重要环节。工程项目部应按双重预防机制运行机理,定期由项目技术负责人组织,相关系统部门和人员参与,对施工现场存在的风险进行辨识评估,对风险管控措施落实情况进行梳理分析,查找问题,制定措施。同时,风险辨识评估应根据施工现场工程进展、环境条件的变化进行动态管理。

2)班前讲话

工程项目部每位管理人员理解风险、认知风险、辨识风险的能力各有不同,班前讲话人员(工点负责人或工班长)能否讲清楚、能否讲到关键风险点、预控措施和注意事项,直接影响班前教育工作质量。因此,为提高班前讲话质量,可以在每天固定的时间,由项目负责人将第二天施工高风险工序以固定格式发送至项目部工作群,让全员熟知每天安全风险信息。

工点负责人或班组长结合项目风险信息,采用班前讲话形式开展日常培训。每班作业前,对当班施工内容、存在的主要风险、安全控制要点及注意事项等对作业人员进行交底培训。

3)日碰头会

由项目部负责人或副经理牵头组织,各业务系统相关人员、现场管理人员、分包队伍现场负责人等参与,在每日班后召开碰头会,梳理总结当日施工风险管控情况,分析、解决安全生产中存在的问题,布置次日工作。

4）安全生产例会

每月由项目负责人牵头组织，各系统部门和人员参与，以风险管控为主线，全面梳理分析本月安全生产管控情况，深入查找存在的问题，制定系统性解决措施，对下一阶段安全生产工作进行全面部署。

5）隐患排查

工程项目部隐患排查治理分为日排查、周排查、月排查和专项排查。

日排查：每日各系统管理人员、现场人员针对本系统涉及的隐患问题进行排查并督促整治闭合。安全监督专职人员每日对施工现场进行日常巡查，对巡查发现的现场隐患问题分系统进行督促整改落实。

周排查：由项目安全总监牵头，每周组织相关系统部门和现场管理人员开展安全生产全覆盖检查，形成周检查通报，按照"五定"原则进行整改。

月排查：由项目负责人牵头，每月组织项目班子成员及各系统部门开展安全生产全覆盖综合大检查，形成月度检查通报，对存在的问题进行分析，查找系统管理原因，制定措施进行全面整改。

专项排查：由项目相关系统分管领导牵头，针对现阶段存在的突出问题、特殊时段、季节特征、重大风险，组织相关部门开展专项检查整治，对存在的问题进行分析，查找系统管理原因，制定措施进行全面整改。

6）技术例会

因项目技术管理工作的重要性，项目技术负责人应定期组织召开技术例会，强化技术人员之间的沟通交流，掌握技术人员的思想动态及技术管理基本情况，梳理、分析现阶段技术管理中存在的问题，制定措施进行改进。

7）考核激励

工程项目部应对施工现场安全管理定期进行考核评价并奖惩兑现。考核奖惩的对象应包括系统管理人员、现场管理人员和分包队伍人员等。例如，可以设置现场卡控专项考核、隐患违章处罚、月度综合考评等机制。月度综合考评包括项目管理人员考评和分包作业队伍考评，其中对项目管理人员安全履职情况的考评是安全监督系统落实横向监督机制的具体体现。

**2. 常态化工作机制**

1）教育培训

在工程项目层面，对作业层人员的培训有进场安全教育培训、日常培训、专业培训等。培训的效果和质量如何,目前在建筑企业内部并没有统一的监管机制,而对施工作业人员的培训效果和质量将直接影响作业行为,所以要明确项目作业层培训工作的监督管理机制。可建立以下人员培训工作机制:

(1) 岗前培训。由项目安全总监牵头,安全监督部门组织,结合工序、工种及存在的安全风险,对新进场人员组织全覆盖安全教育培训并考试。未经培训或考试不合格者不得上岗作业。

(2) 日常培训。由项目安全总监牵头,安全监督部门组织,采取案例警示教育、作业安全要点卡等多种方式定期对现场作业人员进行安全警示教育和应知应会培训。

(3) 专项培训。由项目总工程师、安全总监或副经理牵头,分专业由工程技术部门、物资设备部门、分包管理部门、安全监督部门组织,结合方案交底、物资设备使用、实名制管理、安全注意事项等重点内容,对相关管理人员、分包队伍现场负责人、班组长等组织交底培训。

2) 技术交底

项目技术负责人要将安全专项施工方案对所有管理人员进行交底;技术保障子系统对工程项目重要环节、重点区域、重点部位分工序、工种进行交底,并开展针对性的交底培训。技术交底要杜绝"重形式不重内容、重流程不重实效、以签字替代交底、以文件宣读替代培训"等形式。过程中技术保障子系统要对交底落实情况进行验证、纠偏;安全监督专职人员要对危险性较大的分部分项工程或超过一定规模危险性较大的分部分项工程技术交底的全过程进行监督。

3) 跟班作业

工程项目部根据本项目工程内容和特点,在项目安全管理深度策划环节已经对需要实施跟班作业的工序进行了梳理,明确工序名称、责任人员、盯控内容、验收标准、检查考核等工作要求。因此,对关键工序、特殊过程等应由专业管理技术人员实施全过程跟班作业,进行旁站监督,特别重要工序(如危险性较大的分部分项工程)由领导带班作业(领导带班是旁站机制的一种升级管理方式),确保工序全过程规范作业、安全可控。

4) 联合验收

工程项目在施工过程中,一般都会涉及安全生产条件验收、危险性较大的分部分项工程开工前条件核查、首件验收、机械设备投入使用前验收、临时设施验收、临建工程验收等工作。以上这些工作与安全生产息息相关，也多会涉及生产组织、技术保障、物资设备、分包管理、安全监督等各个系统。因此，要按照项目安全管理深度策划的要求组织联合验收，联合验收也是说明安全生产是系统工程的具体体现。

5）工程应急

"大安全"管理系统涉及工程应急系统，工程项目部应树立底线思维，围绕施工现场可能发生的紧急事件，做好日常应急预防、应急准备工作及险情发生之后的妥善处置工作。按要求制定应急预案和应急处置措施，定期对应急预案和应急处置措施进行梳理分析、培训交底和应急演练。明确相关人员的责任分工，定期进行上下级、系统间、内外部的日常对接沟通，做到信息畅通，联动有效。若现场发生工程险情，抓住应急处置的黄金时间，依规、快速、有效地进行处置。

## 五、考核评价

考核评价具有鲜明的导向作用，是检验工程项目安全管理目标实现的重要手段。当前，大多数建筑企业所属工程项目部考核奖惩机制存在重结果轻过程、处罚多激励少、执行刚性不足等问题。因此，在上级公司制度支撑的基础上，工程项目部应发挥好重大隐患警示、事故事件追责、安全履职奖励、隐患举报奖励、"风险消除"奖励、"零事故"奖励等奖惩机制，将上级公司奖惩制度在工程项目上进行延伸、扩展、细化和有效应用，将考核评价作为检验安全管理"最后一公尺"成效的重要抓手。工程项目如何设置科学的奖惩制度，下面以鼓励"零事故"奖励为例。

**举例**：一个项目部有40名职工，工期3年（36个月），设定每月全员递增50元奖励基数（即首月每人50元、次月100元、第3个月150元……第36个月1800元）。假如第10个月发生事故或不良事件，奖励归零，次月重新按照50元基数进行起算。三年内未发生事故或不良事件，1名职工安全生产奖励累计发放3.33万元，40名职工安全生产奖励累计发放133.2万元。在进行安全生产激励的同时，此奖惩激励办法也体现了安全生产"全员参与"。

先进的、科学的考核评价制度体系有效执行才能起到应有的效果，如果制度空转、执行跑偏、失去公平公正，可能会起到适得其反的结果。所以，工程项目在构建完备奖惩制度的同时，也要建立刚性的过程考核机制，成立项目安全生产领导小组，发挥安全监督系统横纵向监督作用。

## 第四节　作业层面的体系运行

作业层面的体系如何有效运行是建筑企业面临的共性问题。可以肯定地说，各建筑企业针对分包队伍入口关、作业关、奖惩关的管理制度都比较健全，如果按照现行的企业管理制度和要求去落实，并且运行到位，理论上讲，安全管理的"最后一公尺"可以得到保障。但是，针对建筑行业分包模式特点、劳动力现状、管理环境多变等绕不开、躲不过的问题，怎么办？要重点把控分包企业入口关、将分包企业纳入项目统一管理体系，在作业层自控惯性"三违"、打通作业层管理隔层上下功夫。

### 一、入口关严格把控

企业各层级应建立分包企业合格名录，工程项目部应从合格名录中招标选用。严把分包队伍准入和选用关，做到严控分包企业准入条件、严格规范合同文本、严肃核查履约资源，确保选择引入的分包企业资质证照合规、履约能力突出、信用评价优良。从合规管理的角度，各建筑企业在"形式上"基本都能做到，关键在于分包企业是否真正能够按照合同约定进行履约。

### 二、纳入项目统一管理体系

纳入项目统一管理体系，是指将作业层纳入项目"大安全"管理系统统一管理，包括但不限于将分包企业自带的机械设备纳入工程项目部安全管理体系，比照企业自有机械设备进行统一标准、统一流程的全过程安全管理；也要按照工程项目直接下沉作业班组的管理原则，实施网格化安全管理；同时将分包企业管理人员、特种作业人员、劳务作业人员纳入项目部安全管理体系，统一实施实名制履约管理。

**1. 现场网格化安全管理**

现场网格化安全管理是压实安全生产责任的有效方式。将施工现场划分成网格板块，网格长一般由项目经理担任，副网格长一般由分管该区域的项目副经理担任。如果项目设置了施工生产部门，网格员一般应由班组长、领工员和施工员担任，直接参与班组管理。同时，为提高网格员业务水平和安全管理水平，应进行专项培训，学习安全技术措施、管理规定等，考核合格后方可上岗。

1）网格员主要职责

除负责具体业务外，需开展班组安全讲话，监督区域内的安全生产工作，保证对施工现场全方位、全过程管理，防止出现管理空档期和管理盲区。将定期完成网格记录本填写、班前讲话、所管区域安全生产工作等情况作为对网格员考核的依据。

2）与班组作业时间同步

根据建筑行业的特殊性，项目部与班组作业时间不同步，存在安全管理死角是多数项目管理的共性问题。因此，当班网格员应与作业班组同时上下班。同时项目部需协调解决餐食供应时间差问题、当班轮换问题，务必做到作业过程监督全覆盖。应考虑设置专项考核奖励基金，激发网格员履职尽责的积极性。

**2. 作业人员实名制安全管理**

工程项目经常会存在作业人员未进行岗前安全教育培训、未进行健康体检、人员信息管理错乱、未进行安全技术交底等惯性安全生产管理问题。因此，作业层要构建刚性的工作机制，不断堵塞人员实名制管理漏洞。例如，人员进场实行"五步走"工作机制：

第一步作业人员到安全监督系统进行岗前安全教育培训。

第二步作业人员到综合管理子系统进行健康常规体检。

第三步作业人员到物资设备子系统领取劳动防护用品。

第四步作业人员到分包管理子系统实名制人脸录入、信息登记。

第五步作业人员到技术保障子系统接受安全技术交底。

**3. 打造作业层安全管理文化**

执行落实安全管理要求的关键在班组，因此打造班组安全管理认同感十分重要，能够在系统中起到"联系"作用。

（1）培养作业层创新意识。现实工作中，项目部制定的施工方案往往存在不接地气或难以执行的情况，致使作业层擅自调整施工方案，从而稍有不慎就会酿成生产安全事故。因此，开展这类活动的意义是通过培养作业工人创新意识，启发他们在施工现场用最简单、最有效的方式克服施工中难以解决的安全问题，提高现场安全管理水平。

（2）量化积分，促进安全意识。现在有些建筑企业的项目施工现场引进了"作业人员安全积分管理系统"，工人入住时实名认证办卡。将作业人员安全行为转变为可衡量、考核、对比的具体数值，并形成积分榜单。设置实体积分超市，作业人员凭积分在超市中直接兑换商品。就餐、购物、洗浴、洗衣等所有消费均通过刷卡完成，为工人提供更加方便快捷的服务。这种做法极大提高了施工作业人员防范化解安全风险的积极性。

（3）打造宜居环境，促进安全管理。工程项目现场因施工驻地管理不善导致生产安全事故的情况时有发生。因此，可以引进专业化物业公司落实常态化巡查，将社区硬件设施、宿舍安全卫生、制度落实作为重点。设立食堂意见簿，定期召开座谈会，畅通诉求表达渠道，提升服务水平。

### 三、作业层运行的重点事项

**1. 划分施工段与作业能力匹配**

工程项目部引进的劳务队伍在分包企业业绩证明上是具备桥梁、路基、地下工程等施工经验，但往往真正进入现场施工的作业人员可能桥梁施工经验丰富，也可能隧道施工经验丰富，或者两者并兼。为科学合理划分施工任务，项目生产组织系统应对劳务队伍施工能力进行充分了解、评估，必要时，可选取风险较低的工序进行验证，避免因作业层施工能力不足导致工程应急系统或事故处置系统启动。

**2. 作业层自控惯性"三违"**

因作业层惯性"三违"导致生产安全事故的频次始终位居前列。在工程项目部教育培训、过程管控、履约奖惩的基础上，作业层应当发挥自控惯性"三违"的主动性，可通过班前讲话、班组内碰头会议、过程中自查纠偏、观看警示教育片等形式常态化控制"三违"情形的发生频次。存在施工交叉、管理盲区、惯性违章频发等施工作业区域，作业班组应发挥与工程项目部的协同工作合力，主动消除隐患。

**3. 形成标准化施工生产习惯**

如果一个项目现场施工无序、管理混乱、未形成流水作业，就会形成"破窗效应"，极有可能发生生产安全事故。作业层应按照项目部工厂化标准布置要求，养成每个施工作业点机具材料分门别类、按需配送，工完料尽、场地清洁的良好施工生产习惯。此事项可改善作业环境，使作业区域彼此隔离，避免交叉作业，从而减少安全隐患。

## 第五节 纵向贯通、横向联动

纵向贯通、横向联动是系统的"联系"。制约层级间、系统间纵向贯通和横向联动的主要因素是系统壁垒，提高理念认知、"关键少数"统筹推动是解决这一问题的关键因素，具体方式方法前文均有所涉及，在此主要针对层级间纵向贯通、系统间横向联动的具体方法和路径进行阐述。

### 一、层级间纵向贯通

上下贯通指的是企业各层级之间、各系统上下一致、没有阻碍、保持顺畅。上下贯通是由系统的联系特性决定的。

大型建筑企业由于层级较多，所以经常出现上传下达不及时、政令不通畅，甚至跑偏走样的问题，尤其安全管理中"上热、中温、下冷"现象较为普遍。深究其原因，各层级领导的安全认知问题，同层级之间的运行方式和运行效率问题依然是制约层级间贯通的主要问题。

管理的效率问题一直困扰着很多企业管理者，提升管理效率也是上下贯通的最本质目的。在企业竞争越发激烈的今天，在效益优先的大环境下，效率是摆在管理者面前亟待解决的问题。

管理的效率离不开管理的精度和深度，管理的精度和深度是可以通过系统接口精准、提高管理行为频次、信息化手段等方式解决，但同时会增加管理的时间和人力成本，因此上下贯通要统筹好管理深度、管理精度和管理成本之间的辩证关系，如图5-3所示。

"大安全"运行体系上下贯通运行机制矩阵如图5-4所示，从中有三点需

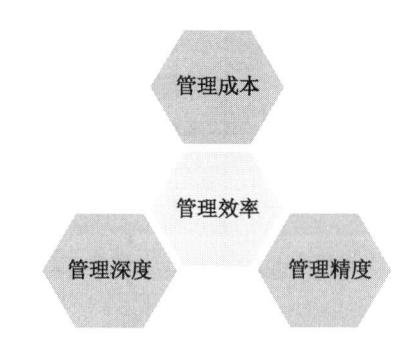

图 5-3 管理效率和深度、精度、成本

要重点关注：

（1）企业各层级的上下贯通是通过管理决策系统、"协同保障"系统、"生产线"系统、安全监督系统、工程应急系统、事故处置系统来实施的，也就是说上下贯通的接口是系统层级之间的业务接口。

（2）企业各层级上下贯通的前提是上下管理系统有对应的接口渠道，需要形成反馈闭合回路。

（3）作业层作为贯通的终点，这是由系统的层级性质决定的，也是当前建筑企业项目管理的痛点，更是打通"最后一公尺"的需要。

体系的上下贯通应从贯通的接口、方式、深度和精度综合考虑。

**1. 贯通接口**

遵循"业务上下统一、形成反馈回路"的原则。建筑企业上下贯通必须围绕项目管理业务，安全管理同样如此。同时，系统上下之间要有反馈机制，形成闭合回路，否则就谈不上贯通。

**2. 贯通方式**

企业可以根据自身条件和需求采用及时便捷的贯通方式，如现场会、视频会、碰头会、交班会、专题会、信息化平台等。

**3. 贯通深度**

贯通深度主要从层级性考虑。企业层面尽量不要管理贯通到作业层，项目作为一个实战单元，要有一定的自主决策权和建议方式。企业层面拥有"建

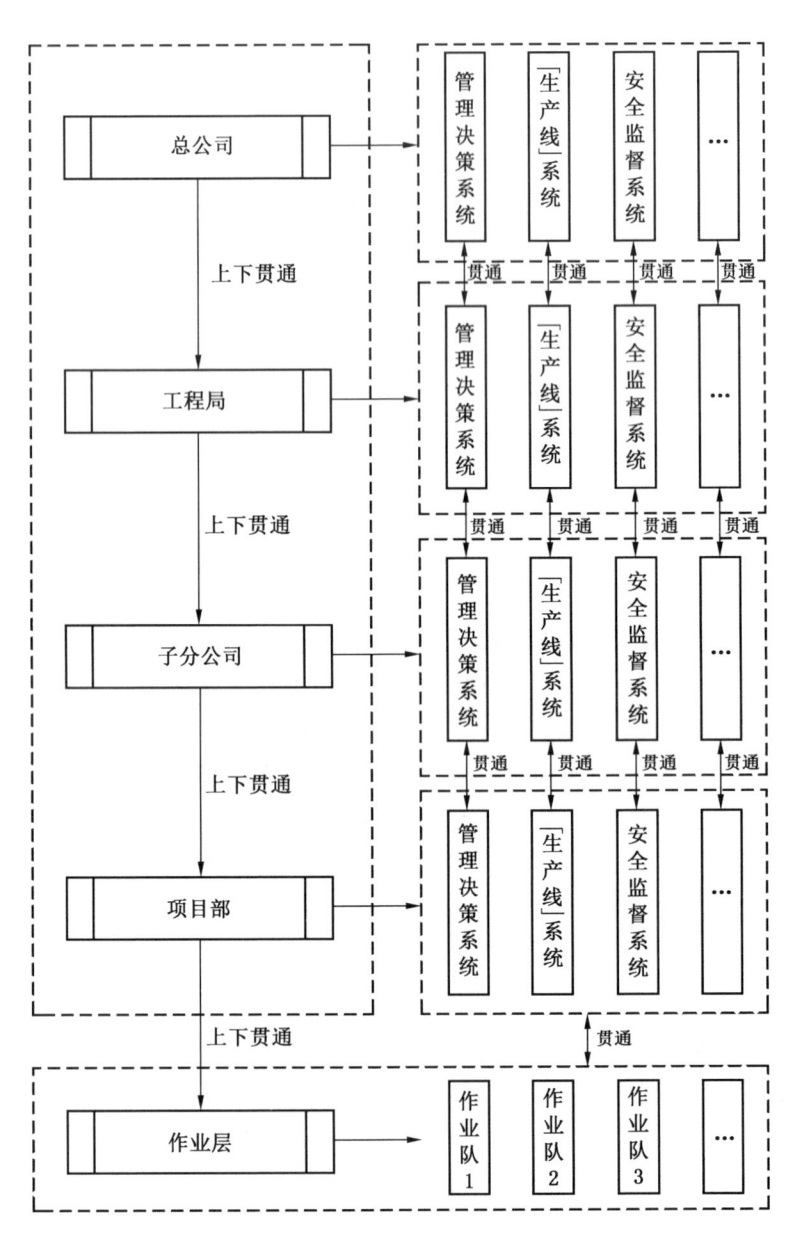

图 5-4 "大安全"体系上下贯通运行机制矩阵

议权和否决权",项目层面拥有"决策权",这里的建议权、否决权和决策权是针对项目管理事项而言的。另外,项目层面必须管理贯通到作业层,贯通到作业面。项目层面的管理和服务必须下沉到最基层,要进班组,要进作业面,通常采用安全交底、安全讲话、安全培训、安全巡检、日碰头会等方式。

**4. 贯通精度**

企业层面各个业务部门梳理系统分析的频次在一定程度上决定了企业管理的精度,如风险辨识会一年组织一次与一周组织一次的效果截然不同。

总之,上下贯通、执行有力是企业组织力量和意志体现的基础保障。只有上下贯通、执行有力,整个体系才能"如身使臂,如臂使指"。

## 二、系统间横向联动

横向联动指的是企业各个系统在安全管理过程中,实现资源共享、信息共享、协同配合、共同推进,形成联动机制,提高安全管理的效率和精准度。该机制具有以下特点:

全面性:涉及管理决策系统、"生产线"系统、"协同保障"系统、安全监督系统、工程应急系统和事故处置系统,并覆盖安全生产相关的业务范围。

协同性:在各系统之间必须实现信息共享和资源共享,分清主辅责,各有侧重,相互配合,形成合力,共同完成。

稳定性:应建立长效机制,确保安全管理能够持续进行。

横向联动运行机制的主要步骤如下:

(1)成立联合机构。由各系统的相关负责人共同组建联合工作机构,工作机构要通过一定的工作机制建立起连接。

(2)制定联合工作计划。根据安全管理的职责分工和业务范围制定联合工作计划,确保安全管理活动有序。

(3)信息交流。各系统要共同参与信息的收集、归纳、分析和应用,保证信息交流的及时性、准确性和全面性。比如碰头会、工作例会、双重预防工作机制、管控稽查运行机制等,都是信息沟通交流的有效工作机制。

(4)联合处置。各系统及时共享安全监管信息和案例,进行协作和配合,快速、有效地处置监管事件和问题,避免监管盲区和走过场现象。全员安全生产责任制和岗位安全责任清单是联合处置有力的抓手。

（5）评估总结：定期对联合机构的工作进行评估和总结，为完善机制和提高安全管理的效果提供经验。

横向联动机制的实施可以在安全管理工作中有效避免协调不力、信息孤岛等常见问题，提高安全管理的全面性和针对性，为企业安全管理体系的稳健运行提供有力保障。

> 企业各层级安全生产管理体系遵循全员、全过程、全方位、全时间、全周期的运行原则，按照不同管理层级的职能定位，总公司、工程局、子分公司、工程项目部等各层级的安全生产管理体系运行重点也各有不同，只有厘清各管理层级功能定位和主要工作任务，畅通层级间、系统间工作机制，才能发挥企业大安全生产系统的管理合力。

# 第六章
## 企业安全管理体系评价与提升

"不知则问，不能则学，虽能不让，然后为德。闻之不见，虽博必谬；见之而不知，虽识不妄；知之而不行，虽敦必困。"

——《荀子》

# 第六章 企业安全管理体系评价与提升

安全管理体系评价与提升是企业基于大安全生产 SESP 系统理论原理，对安全管理体系的建设和运行情况进行评估、分析，发现安全管理体系运行存在的问题，提出改进意见和建议。同时，企业安全管理是一个持续改进、不断提升的过程，因此，企业要根据管理体系运行暴露出的问题和系统运行变化特点，重点从系统的连接和功能上进行提升。

## 第一节 安全管理体系评价

安全管理体系评价是指企业对安全管理体系的建设和运行情况进行评估、分析，及时发现企业安全管理体系运行存在的问题，科学提出改进意见和建议，为企业的安全管理决策和提升提供科学依据。

### 一、体系分析基本原理

安全管理体系评价与人们对体系的认知有关，准确来讲与对问题的认知维度和认知深度有关。

**1. 认知维度**

为了帮助理解安全管理体系评价，构造一个木块的三维简示图，如图 6-1 所示。在三维空间里，三块木块堆放在一起，从俯视角度看，有两块木块；从正面角度看，有三块木块；从侧面角度看，有两块木块。仅仅从数量上，三个视角就出现各不相同的答案，更不用说尺寸及其他维度在视野方面的差异了。

这个简单的例子可以带来如下启示：

（1）客观事物的可量测与我们的认知维度有关。

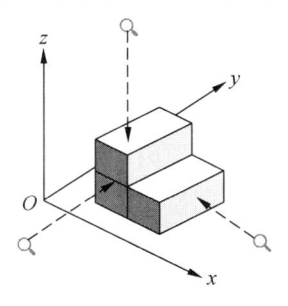

图 6-1 木块的三维简示图

(2) 认知事物应从不同的维度出发，尽可能使量测精准。

(3) 客观世界的事物有其复杂性，精准量测是相对的。

(4) 认知的维度需要尽可能地拓宽，它取决于管理者的认知能力。

**2. 认知深度**

什么是认知深度？不同的人会给出不同的答案。如何去深入分析建筑企业安全管理存在的问题，下面以一个冰山认知模型来帮助理解认知深度，如图6-2所示。

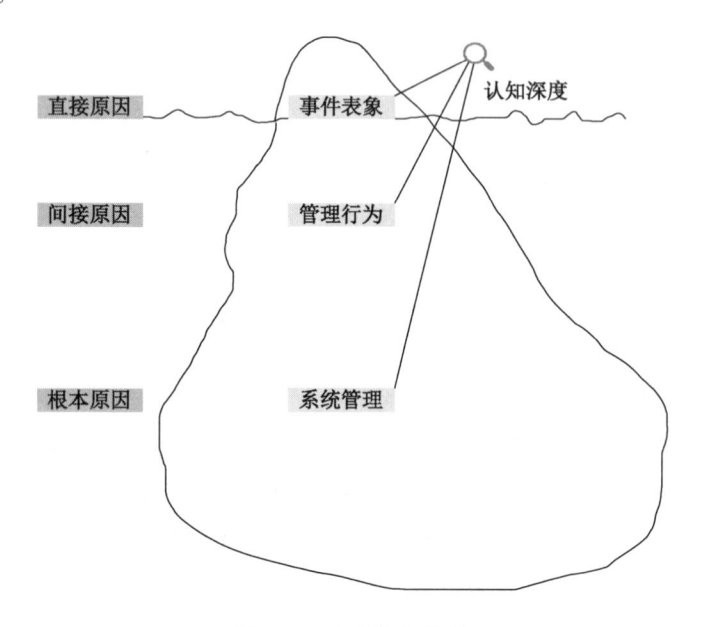

图 6-2 冰山认知模型

在企业安全生产管理过程中遇到的各类问题，均可以看作是冰山露在水面以上的部分，水面以上都是事件表象，是问题的直接原因，这是最容易分析的。但是水面以下部分到底是什么样的，在水面以上是很难发现的，这往往就是管理行为，很多人将其归为间接原因。这种分析方法也是目前建筑业安全管理问题分析常用的以直接原因、间接原因为主的分析方式。那么再往下应该是什么呢？问题的根本原因是什么呢？深入分析来看，问题的根本原因是系统，是系统管理。

图 6-2 的冰山认知模型可以带来如下启示：

# 第六章　企业安全管理体系评价与提升

（1）客观事物的精准量测与认知深度有关系。

（2）直接原因、间接原因和根本原因既有区别又有紧密的联系。

（3）在企业安全管理中，不仅要从事件表象找到管理行为的原因，更要由表及里、层层递进，深入分析系统管理的原因。

综上所述，安全管理体系的运行评价应从体系的维度和体系的深度出发，结合建筑企业的具体实际，运用维度分析和要素分析的方法，对企业各层级的安全管理体系进行科学、客观的评价分析，为企业的安全管理不断提升提供可实施的方法和工具。

## 二、体系维度分析法

结合前面阐述的安全管理体系的构建，从体系的运行机制出发，进行体系的运行维度分析，为体系定性分析的广度拓宽实现途径。

维度分析法（Dimensional analysis）是指从不同维度或者视角去认知、分析问题，通过维度去拓展、研究系统管理问题的现象与本质，对于解决根本问题具有现实意义。基于体系的特点，可以从五个维度认知和分析体系运行存在的诸多问题，如图6-3所示。

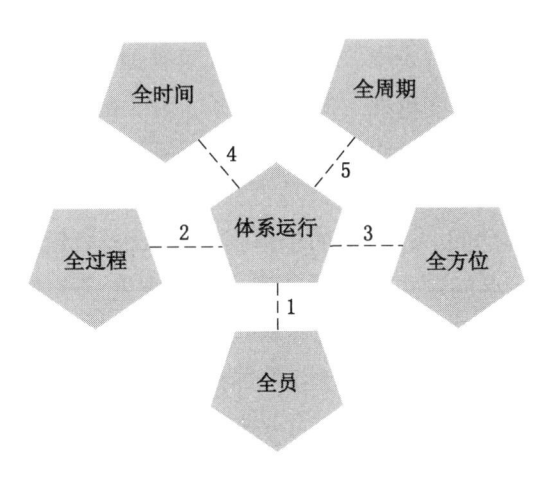

图6-3　安全管理体系认知维度

**1. 第一维度：全员**

体系的运行离不开运行机制，更离不开人。人员的能力素质和责任履行决定了管理的成效，所以企业的管理成效是全员共同作用形成的结果。因此，对于安全管理体系的评价第一维度就应该考虑人的因素，从全员的视角，或者准确地说，从全员安全职责和全员能力培养的角度来考核评价体系运行情况。

**2. 第二维度：全过程**

安全管理体系的终极目标就是消除隐患、杜绝事故。安全管理体系的运行也始终贯穿于"风险-隐患-险情-事故"链条。因此，安全管理体系运行是否正常有效也必须从风险预控、隐患排查、工程应急和事故处置等全过程的维度进行评价分析。

**3. 第三维度：全方位**

（1）系统纵向之间。对于大型建筑企业来说，层级多必然会造成管理系统纵向之间的堵点或者紊乱，从管理系统纵向之间的贯通效率能够客观反映出系统的运行效率。因此，管理系统层级之间的文件上传下达、机构设置对应归口、制度设计的上下呼应、管控行为的纵向闭环等都需要重点关注。

（2）系统横向之间。系统管理更难厘清的是各子系统之间的接口问题，很多实际问题的主责管理系统责任界定较为模糊，而且由于分工越来越细，专业划分越来越多，接口就越来越不容易梳理清晰，必然导致系统间壁垒越来越严重，最终影响系统运行效率。因此，必须对管理系统各子系统横向之间的堵点或者壁垒问题予以高度重视。例如，建筑企业中的安全生产双重预防机制就需要技术保障系统、生产组织系统、安全监督系统等多个系统横向联动、共同协作才能完成。

（3）系统内外之间。这里指的是企业管理系统与社会各系统之间的联系。系统内外之间的堵点问题更容易被忽视，也需要花费大量的精力来梳理和解决。每一个管理系统都具有自然属性和社会属性，企业的管理系统更是必须融入社会系统之中。企业的管理系统与外部社会系统的接口模糊和不确定将导致很多企业对于当地的政策和法规、行业主管单位的规章制度、产权单位的管理办法一无所知，造成企业的管理系统与社会各系统无法有效衔接和有效融合。因此，对系统内外之间的问题也需引起足够重视。

**4. 第四维度：全时间**

为了能够动态地发现问题，在评价分析企业管理状况时，必须从时间的维度进行分析。对于建筑企业来说，一般习惯从自然时间轴去分析和评价。也就是说，安全生产管理体系的运行最终总是可以体现在各业务系统、各工作岗位在每个时间点或每个时间周期（年、月、周、日）应完成的工作、应履行的职责上面，这往往也是体系分析和评价的落脚点。

**5. 第五维度：全周期**

基于建筑企业以项目为基本单元的管理特点，应重点从项目全生命周期的视角进行分析评价。也就是说，应重点分析和评估从工程项目标前评审、项目策划、过程管控开始，一直到竣工验收为止的项目管理的全周期安全管理体系是否始终正常运转和发挥作用。

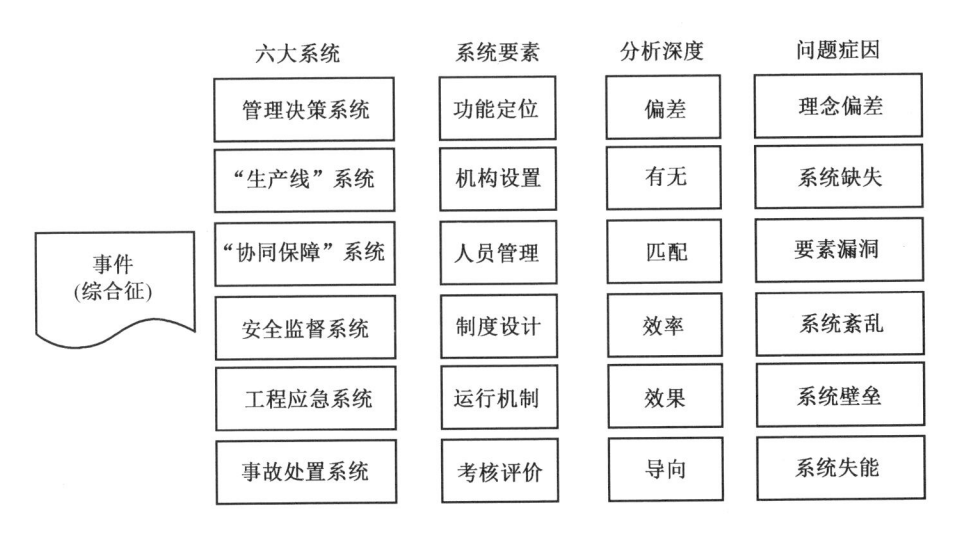

## 三、系统基本要素分析法

系统基本要素分析法就是结合前面阐述的建筑企业存在的系统问题及SESP系统理论，从管理系统的基本特征和要素组成出发，为管理体系定量分析提供可实施路径。系统基本要素分析法（Basic element analysis method）是从企业层面的六大系统、业务层面的系统基本要素及其运行对系统整体目标实现的影响这一角度来进行分析的方法。基本要素分析如图6-4所示。

企业层面的六大系统包括管理决策系统、"生产线"系统、"协同保障"

| 六大系统 | 系统要素 | 分析深度 | 问题症因 |
|---|---|---|---|
| 管理决策系统 | 功能定位 | 偏差 | 理念偏差 |
| "生产线"系统 | 机构设置 | 有无 | 系统缺失 |
| "协同保障"系统 | 人员管理 | 匹配 | 要素漏洞 |
| 安全监督系统 | 制度设计 | 效率 | 系统紊乱 |
| 工程应急系统 | 运行机制 | 效果 | 系统壁垒 |
| 事故处置系统 | 考核评价 | 导向 | 系统失能 |

事件（综合征）

图6-4 基本要素分析

系统、安全监督系统、工程应急系统和事故处置系统。业务层面系统的六大基本要素包括功能定位、机构设置、人员管理、制度设计、运行机制和考核评价。对于系统的评价分析也应该从企业六大系统及其基本要素入手，做到由表及里，层层深入。

系统基本要素分析还应厘清分析的深度及问题症因。分析深度一般可分为（功能）偏差、（机构）有无、（人员）匹配、（制度）效率、（机制）效果和（考核）导向六类情况。问题症因一般可分为理念偏差、系统缺失、要素漏洞、系统紊乱、系统壁垒和系统失能六类情况。

## 四、体系综合分析法

体系的运行情况和成效如何并非总是呈现线性可以精确定量的状态，大多数呈现较强的非线性状态。因此，在以上维度和要素分析的基础上，进行整体的、全面的、综合的、以定性为主的评价分析也是非常有必要的。体系综合分析法可大体从六个方面进行：

（1）成效。从体系运行情况（如一定时期内发生生产安全事故的件数、伤亡人数、重大隐患出现频次等）分析评价体系运行的基本成效。

（2）认知。从各层级管理人员对体系的基本理解、安全管理理念的先进与否等分析评价企业对体系的认知理解情况。

（3）效率。从文件的流转效率、流程的处置周期、事件的反应速度等分析评价体系运行的效率。

（4）质量。从信息的衰减程度、各层级的执行力、相关工作的质量标准等分析评价体系运行的基本质量。

（5）感受。从各层级管理人员及考评者对体系运行情况的直观感受分析评价体系的真正运行状况。

（6）行为。从各层级管理人员的管理行为或者运行机制来分析评价体系的真正运行状况。

## 五、体系评价分析的基本操作

### 1. 基本步骤

体系评价分析工作主要有以下六个步骤：

（1）制定计划。一是一企一策，首先充分调查和分析评估所要评价企业的管理现状、近期事故发生情况、任务结构、重难点项目等因素，有针对性地制定系统评价计划或实施方案；二是编制检查分析表，根据企业现状以及系统的六大基本要素编制检查分析表，并做好人员分工。

（2）收集信息。主要通过查阅资料、交流沟通、参加管理活动等方式收集评价所需掌握的各类信息。

（3）初步分析。对收集的信息进行整理汇总，梳理系统建设和运行情况，厘清系统存在的缺失、壁垒、紊乱、失能等问题。

（4）延伸验证。从层级管理的角度（自上一层级延伸至下一层级，直至工程项目层面）进行管理问题的探究和验证。

（5）总结报告。对管理中存在的问题，按照功能定位、机构设置、人员管理、制度设计、运行机制和考核评价等要素进行分类总结分析，并形成问题整改清单。同时对各层级的体系运行状况进行定量评价和综合定性评价。

（6）整改提升。建立问题台账，对存在的问题按照总结报告的要求跟踪整改闭合，必要时组织"回头看"，实行销号管理。

**2. 基本内容**

安全管理体系评价的具体内容宜以表格的形式直观体现，比如可以分类设计维度分析表、要素分析表和层级分析表，设置控制性、约束性和引领性指标作为安全管理体系评价的实践工具。

安全管理体系评价是促进企业管理体系有效运行、提高企业安全生产管理水平的重要方法和手段。企业不仅要重视安全管理体系的建立和实施，还要根据实际情况制定相应的评价标准和方法，不断完善体系评价的思路、方法和工具，以此促进企业安全生产管理水平的持续提升。

## 第二节　安全管理体系提升

企业安全管理是一个没有终点、持续改进的过程，管理永远没有最好、只有更好。所有企业都需要根据形势的变化、自身的特点、管理过程暴露的问题等对已构建完成和正常运行的体系进行持续的、系统性的改进和提升。

建筑企业应如何立足于自身特点、适应形势的变化和要求、针对体系运行中易出现的突出问题，持续在安全管理方面进行系统提升呢？下面将从安全生产管理体系的构成出发，厘清体系提升的基本逻辑和主要途径。

## 一、体系提升基本原理

### 1. 杠杆支点

古希腊物理学家阿基米德曾经说过一句话："给我一个支点，我就能撬起整个地球。"这就是物理学中讲到的杠杆原理。同样，如果在系统中的某处施加一个小小的变化，就能够使系统行为发生明显的改变。这处小小的变化就是管理者们为了系统的改变所需要努力找寻的"杠杆支点"。

体系的提升必须建立在系统改变的基本原理基础上。体系的三大要件为功能、要素和联系，功能和联系的改变会对体系带来显著影响，而要素的改变一般不会给体系带来太大的变化（一些能够改变功能和联系的核心要素除外）。

建筑企业实施安全管理体系提升本质上仍要围绕体系的三大要件来进行，具体来说，主要从企业安全管理体系的六大系统（管理决策系统、"生产线"系统、"协同保障"系统、安全监督系统、工程应急系统、事故处置系统）、业务系统的六个基本要素（功能定位、机构设置、人员管理、制度设计、运行机制、考核评价）等进行梳理、分析、细化和提升。

基于建筑企业安全管理的基本规律和现阶段易出现的共性问题，需重点把握好以下关键的"杠杆支点"：

（1）安全理念：从"凭感觉凭经验"到"系统思维"——体系提升的逻辑前提。

（2）"关键少数"：从"提要求作指示"到"安全领导力"——体系提升的推动力。

（3）管理模式：从"单一监管"到"系统联动"——体系提升的核心要义。

（4）运行机制：从"碎片化、被动式"到"系统性、主动式"——体系提升的着力点。

（5）责任压实：从"安全人管安全"到"全员管安全"——体系提升的落脚点。

（6）队伍建设：从"边缘化"到"专业化"——体系提升的基本保障。

(7) 教育培训：从"重痕迹、重形式"到"重本质、重实效"——系统提升的有效途径。

(8) 科技创新：从"科研安全两张皮"到"四化手段促安全"——体系提升的有力支撑。

(9) 安全文化：努力追求安全管理的更高境界——体系提升的终极目标。

在以上九个"杠杆支点"中，从系统三大要件的角度来说，安全理念、安全文化等支点更侧重于系统目标的提升，同时也会极大影响系统要素之间的联系；"关键少数"、队伍建设、教育培训等支点更侧重于要素本身的提升，管理模式、运行机制、责任压实、科技创新等支点更侧重于影响要素之间的联系。若干"杠杆支点"同时发力，便可全方位地促进管理体系的有效提升。

**2. 基本原则**

建筑企业安全管理体系提升是一项长期性、基础性的工作，具备较强的系统性和突出的复杂性，在实施过程中应把握好以下四个基本原则：

(1) 问题导向。体系提升需要找准发力点，这个发力点往往就是既有体系的短板和薄弱环节。因此，要以问题为导向，眼睛向内、刀刃向内，着力于查找企业安全管理体系构建和运行中存在的突出问题，剖析问题产生的系统性原因，采取有针对性的措施予以改进提升。

(2) 循序渐进。管理从来都没有包治百病的灵丹妙药，改进提升一般都是对既有体系的微观再造，不宜推倒重来或者一步到位。因此，管理者必须立足于现有管理基础和既有条件，尊重管理常识和管理规律，在既有管理基础上做到循序渐进，实现稳步提升。

(3) 把握本质。在对管理体系构建和运行情况进行调研、分析时，要透过现象看本质，找到问题的根本所在，找到体系构建和运行中基础性、系统性、普遍性、本质性的问题，在此基础上对症下药，方可实现标本兼治的目标。

(4) 系统实施。在体系提升的过程中，其核心理念和思想同样是系统思维，管理者一定要对此深刻理解和熟练运用。要不断克服和逐步杜绝"头痛医头、脚痛医脚"的思维习惯和行为习惯，时刻以系统的视角去研究、分析和解决问题，这样才能真正做到体系提升。

## 二、体系提升主要途径

基于上文提到的体系提升的"杠杆支点",应重点从以下基本途径实现系统提升。

**1. 安全理念更新**

从管理的本质来说,理念是行为和结果的前提和源头,管理理念决定管理行为,管理行为决定管理结果。因此,安全管理体系提升的前提就是实现安全理念的更新。

那么,如何进行安全理念的更新?在现阶段,需重点树立和更新以系统思维为核心的"五治"原则,即系统治理、源头治理、依法治理、全员治理、标本兼治。其中,系统治理是安全生产管理的核心,源头治理是安全生产管理的方法,依法治理是安全生产管理的前提,全员治理是安全生产管理的途径,标本兼治是安全生产管理的目标。"五治"安全理念如图6-5所示。

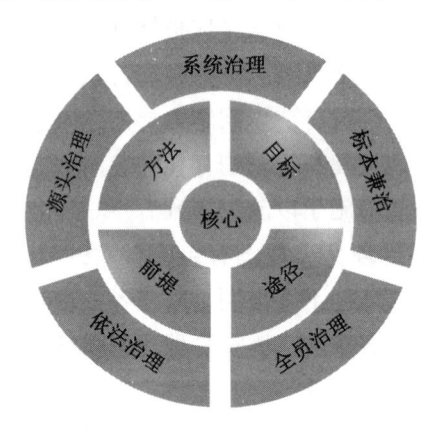

图6-5 "五治"安全理念

1)系统治理

"系统治理"就是系统思维在企业安全管理中的理解和运用,换言之,系统思维是企业安全管理体系构建和运行的底层逻辑。现阶段部分建筑企业管理人员"就事论事""头痛医头、脚痛医脚""凭感觉凭经验"的思维和管理方式依然较普遍存在。因此,强化系统思维的理解和运用依然是一件长期而艰巨的任务。企业各级管理人员需要通过各种途径,运用PDCA循环方式,不断强化系统思维的理解和运用,这是安全管理理念更新的核心,也是安全管理体系提升的逻辑前提。

在企业管理学中将"系统"定义为用于实现目标的具有特定功能的、相互关联和相互作用的一组要素,按一定的秩序组合而成的整体。研究系统要素的结构、层次、功能、特性在时间和空间上的动态发展,即是系统思维。在这一基础上,企业安全生产的系统治理就是要从单一的专职部门监管向各系统、各部门联动管理转变,在机构、人员、制度、机制、投入、技术、文化等各方面综合施策、系统联动,逐步实现本质安全。

具体来说,大型建筑企业的系统治理可以从两个维度来开展。在纵向的维度上,企业要厘清和细化不同层级之间的责任边界。例如,构造总公司、工程局、子分公司和工程项目的四级治理框架,通过配套的管理制度和运行机制分层级开展治理工作。在横向的维度上各企业要进一步明确和细化企业生产组织、施工技术、物资设备、分包管理、教育培训等"生产线"系统要素在安全生产管理的工作内容、工作标准和工作要求,形成工作清单,并与安全监督系统等系统之间建立横向的有效联动机制,做到关口前移,形成管理合力。建筑企业如何实施系统治理,这也是本书的核心要义所在。

2)源头治理

源头治理理念是《安全生产法》的指导思想,也是《"十四五"国家安全生产规划》的基本原则。在《安全生产法》第三条中明确指出要坚持安全第一、预防为主、综合治理的方针,从源头上防范化解重大安全风险。源头治理就是要健全风险防范化解机制,坚持从源头上防范化解重大安全风险,真正把问题解决在萌芽之前、成灾之前。《"十四五"国家安全生产规划》也提出,源头防控,精准施治是基本原则,要在补短板、堵漏洞、强弱项上精准发力,从源头上防范化解风险,做到风险管控精准、预警发布精准、抢险救援精准、监管执法精准。

结合实践来看,许多事故的发生都经历了从无到有、从小到大、从量变到质变的动态发展过程。这个过程中有太多的机会去避免、去化解可能出现的事故。因此,必须转变过去以事故处理为主的被动反应模式为构建以风险预防为主的主动管控模式。大体来说,对事故的发生进行追溯,往往可以找到两个方向的源头:一是物理源头,也就是日常所说的危险源。例如,地下工程施工坍塌事故的物理源头往往是软弱围岩；各类火灾事故的物理源头往往是火种或易燃易爆品。二是管理源头。深入分析各种事故，归根结底无一不是管理系统的运行出了问题，管理系统未能正常发挥作用导致管理失效往往是各类事故的管理源头所在。因此，要实现源头治理，不仅是要对危险源也就是客体源头进行有效管控，更重要的是建立和完善管理系统，使之正常运行并实现应有功能。管控好系统运行这个管理源头是源头治理的核心本质所在。

3）依法治理

依法治理理念是安全生产发展系统化进程加深的必然要求与重要基础。结合我国国情来说，依法治理理念就是建立完整的、符合我国国情的、具有普遍约束力的安全生产法律规范，以此来规范企业经营者与政府之间、从业人员与经营者之间、生产过程与自然界之间的关系，做到企业的生产经营行为和生产过程有法可依、有章可循。目前，我国的安全生产法律法规已初步形成一个以宪法为依据的、由有关法律、行政法规、地方性法规和有关行政规章、技术标准所组成的综合体系。

安全生产领域的依法治理已经实现"有法可依"，企业必须进一步筑牢理念、完善体系、优化机制、压实责任，把法律法规的相关要求充分体现和具象化为企业的管理制度、运行机制和具体措施，全面提升安全生产系统管理能力，真正实现"有法必依"。如此才能在"执法必严、违法必究"的安全生产要求下，倒逼企业各系统有效联动，各岗位充分履责，真正构建大安全生产格局，进而实现"管理强安"。

4）全员治理

全员治理理念同样在《安全生产法》和《"十四五"国家安全生产规划》中得到体现。在《安全生产法》中明确指出建立健全全员安全生产责任制，要求生产经营单位的主要负责人对本单位的安全生产工作全面负责，其他各级管理人员、职能部门、技术人员和各岗位操作人员根据各自的工作任务、岗位特点，确定其在安全生产方面应做的工作和应负的责任，从而实现全员治理。《"十四五"国家安全生产规划》进一步扩大了全员治理理念的范畴，将社会监督纳入到安全生产治理工作中。规划指出，要坚持群众观点和群众路线，进一步压实企业安全生产主体责任，构建企业负责、职工参与、政府监管、行业自律、社会监督的安全生产治理格局。

开展全员治理，必须坚决摒弃"安全管理就是安全专职人员的事"的错误观念，必须充分意识到全员治理既是国家《安全生产法》"全员安全生产责任制"的法律要求，更是建筑企业规模不断扩大、管理难度提升后的必然选择。必须深刻认识到安全管理的重点在生产组织、施工技术、物资设备、分包管理、安全监督等生产过程的全要素、全环节、全过程上。企业每一个成员都能准确认识并履行自身的安全生产责任，这是安全生产管理体系运行的基本落脚点，也是企业安全管理水平逐步提升的根本保障。

5）标本兼治

对于企业安全管理来说，治标就是各级企业管理人员要关口前移、重心下移，切实强化现场风险管控，深入进行隐患排查治理，坚决遏制生产安全事故发生。治本就是要全面完善安全管理体系，优化要素系统，落实全员安全责任，提升运行机制，提高管控能力，实现企业长治久安。

治标很重要，但从企业可持续性发展角度来看，治本更重要。各层级的管理人员都要克服形式主义和短期行为，改变"头痛医头、脚痛医脚""就事论事、就隐患整改隐患"的思维习惯。要能透过现象看本质，善于从现场的隐患进行挖掘和分析，查找在管理体系、工作流程、执行标准、人员履职等本质性、系统性、深层次的问题，从而系统性采取治本之策。要把工作重心更多放在基础性、长期性、根本性的工作上，要做到镜头不换、纵深推进、持之以恒、坚持不懈，持续提升企业本质安全管理水平。

**2. "关键少数"推动**

"关键少数"指的是企业各层级主要领导人员。在一个团队中，领导人员的带领和示范作用极为重要。在企业管理中，这也称为"头雁法则"。群雁齐飞最重要的是头雁引领，"头雁法则"就需要头雁具备敢于担当的勇气和智慧，飞在雁阵最前列，充分发挥带头作用，同时让雁群分工协作、形成合力，方能带领雁阵划破长空，以最优化的飞行方式成功抵达目的地。

企业安全生产管理体系的构建和提升首先源自企业领导层对安全生产的基本认知和有力推动。企业的领导者就是这样的"头雁"，只有具备安全领导力的企业领导者，才能带领整个团队以正确的方向和路线破解管理难题，克服管理障碍，有效构建体系，实现正常运行，全面防范风险，实现安全目标。但在实际工作中，部分企业领导者在安全领导力方面存在不同程度的欠缺，主要体现在：

（1）安全站位不高。部分企业领导者未能将"人民至上、生命至上"的理念入脑入心，未能深刻理解习近平总书记关于安全生产的重要指示批示精神，未能认识到管好安全不仅是一种管理责任，也是一种道德责任，更是一种政治责任，履行安全管理职责的站位、决心、力度和自觉性不足，不能满足新形势下的高标准、严要求。

（2）安全认知偏差。企业领导者普遍能认识到在现有形势下安全管理的重要性，但部分企业领导者对安全与生产、安全与进度、安全与质量、安全与效益的辩证关系认识不到位、不深刻，无法做到正确认知和准确把握。

（3）安全责任错位。企业业务系统领导者未能充分理解"三管三必须"的深刻内涵，对安全管理职责认识不充分、对安全管理不到位，仍然认为安全生产就是安全管理部门的事，大部分的安全责任仍让安全管理部门负责，普遍存在"用监督代替管理"现象，且企业主要负责人未能对此做到有效协调和明确界定。

（4）对风险认知不足。由于缺乏全方位、全过程的有效运行机制，企业领导者不能准确、及时、全面获取企业和项目施工现场存在的风险，对于所辖区域的风险缺乏系统的辨识、评估和认知。

（5）系统管控能力缺乏。部分企业领导者缺乏系统思维，不能科学运用系统化的管理方法来分析管控风险，无从把握风险变化的基本规律，对如何构建并维护企业安全管理体系思路不清，更多的是凭感觉、凭经验、凭习惯开展安全管理工作，造成企业系统性风险管控能力不足。

（6）安全领导力不足。领导者与下属不能进行深度沟通和知识传达，更多时候仅以召开会议、下发文件的方式提出工作要求，员工不能充分感受到领导对安全工作的重视、关心、理解和支持，不能直观体会领导对安全工作的执行力、示范力和影响力，导致员工主动参与安全管理意愿不足。

由于安全领导力的欠缺，部分领导人员只习惯于通过召开会议、下发文件等形式反复强调安全管理的重要性，原则性地对安全管理"提要求作指示"，不能更好地指导、带领和推动企业安全管理体系的有效构建和运行。在目前形势下，作为建筑企业的领导者，应如何提升自身的安全领导力，以真正推动企业安全管理的系统提升？本书总结了安全领导力"三个五"法则（全面践行

"五治"原则、辩证把握"五种关系"、有效做到"五个并重"),如图6-6所示。

```
安全领导力          全面践行"五治原则"  ┬ 系统治理
"三个五"法则                          ├ 源头治理
                                     ├ 依法治理
                                     ├ 全员治理
                                     └ 标本兼治

                   辩证把握"五种关系"  ┬ 安全与危险并存的关系
                                     ├ 安全与生产的辩证关系
                                     ├ 安全与质量的包含关系
                                     ├ 安全与进度的互保关系
                                     └ 安全与效益的统一关系

                   有效做到"五个并重"  ┬ 生产经营与安全监督的并重
                                     ├ 理论学习与实践参与的并重
                                     ├ 系统管理和个人引领的并重
                                     ├ 传递压力与传授方法的并重
                                     └ 高层领导者与基层员工的并重
```

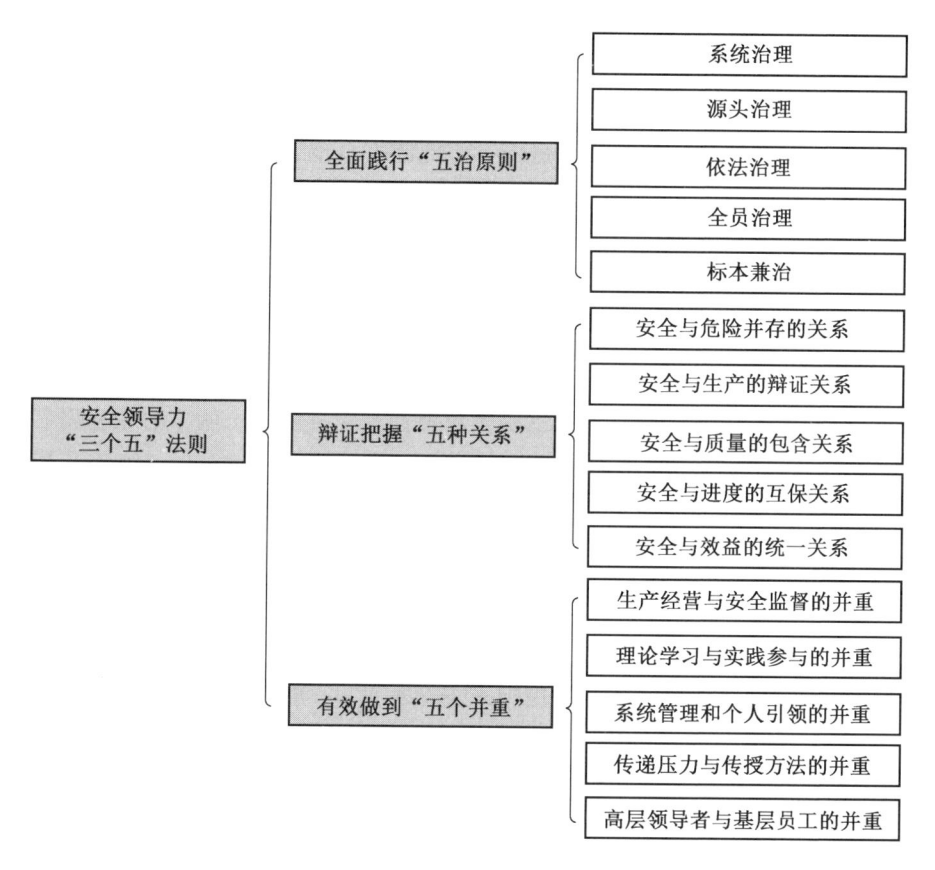

图6-6 安全领导力"三个五"法则

1)全面践行"五治"原则

作为企业领导者,首先必须对系统治理、源头治理、依法治理、全员治理、标本兼治的"五治"安全管理原则有深刻的理解和认知,并与企业管理实践有效结合,做到持续践行和提升,这是安全领导力的前提和基础。

2)辩证把握"五种关系"

(1)安全与危险并存的关系。安全与危险并非等量并存、平等相处,随着事物的运动变化,安全与危险每时每刻都在变化,没有绝对的安全或危险。

因此,一方面领导者必须充分认识到存在的风险,时刻保持"如临深渊、如履薄冰、如坐针毡"的状态,做到居安思危、未雨绸缪;另一方面领导者必须充分认识到危险因素是完全可以控制的,事故是可能预防的,应对风险因素进行全过程、全方位、全要素、系统性的管控,从而实现安全的目标。

(2)安全与生产的辩证关系。生产是建筑企业的根本所在。如果生产完全停止,安全风险可能就降至最低,但此时安全也就失去了意义。同时,安全是生产的客观要求和前提条件,如果生产中人、物、环境处于危险状态,则生产无法顺利进行。当生产与安全发生矛盾,危及员工生命财产安全时,必须停止生产活动,整治和消除危险因素,这样生产才能正常进行。

(3)安全与质量的包含关系。在建筑行业,安全和质量往往相互作用,互为因果、不可分割。最显著的实例:如果不能保证工程施工质量,运营安全就会存在更大风险;如果承重结构的材料质量出现问题,施工安全就存在较大隐患。"安全第一"和"质量至上"两者并不矛盾。"安全第一"是从保护生命的角度提出的,而"质量至上"是从关心产品成果的角度强调的。

(4)安全与进度的互保关系。一旦因为生产的蛮干、乱干酿成不幸,非但无进度可言,反而会延误时间。同样,如果施工进度不正常,经常性地处于抢工、窝工的状态,也会带来额外的安全风险。进度应以安全为保障,进度也可以为安全创造更好的条件。应追求安全加速度,竭力避免安全减速度。

(5)安全与效益的统一关系。一旦发生事故,由此产生的经济损失和效益流失往往是巨大且难以控制的。因此,必要的前期和过程中的安全投入能够强化安全措施,改善劳动条件,避免事故的发生,这本身就是在创造效益。从这个意义上说,安全与效益完全是一致的,安全促进了效益的增长,甚至可以说安全就是最大的效益。

3)有效做到"五个并重"

(1)生产经营与安全监督的并重。一方面,生产经营是企业的中心工作,企业领导者必须高度重视、关注和支持。另一方面,企业领导者也应同样重视、关注和支持安全生产工作和安全监督系统的建设,并给予充分的保障和激励。应建立双向互动的沟通机制,听取安全监督等系统管理人员的意见和建议,增强安全管理决策的实用性;鼓励员工积极参加安全决策和安全活动,引导各级管理人员为实现共同的安全目标而一起努力。

## 第六章　企业安全管理体系评价与提升

（2）理论学习与实践参与的并重。一方面，企业领导者要对安全管理理论进行深入研究学习，用科学的安全管理理论、先进的安全管理理念指导企业安全管理，并通过不同方式传递给全体员工，激励各层级人员自觉为安全目标不懈努力。另一方面，企业领导者要积极参与安全讲课、安全承诺、安全检查、项目管理策划等具体实践工作，深入一线真正了解施工现场存在的风险及管理中存在的问题缺陷。这既为安全管理决策提供第一手信息依据，也能更好地以实际行动带动和影响员工。

（3）系统管理和个人引领的并重。一方面，企业领导者要树立系统观念，按照既定的安全目标，明确和落实各系统、各层级、各岗位的安全责任，构建和实施各项运行机制，建设系统、高效、运行顺畅的安全生产管理体系，并抓住一切机会对体系进行完善提升。另一方面，在具体工作过程中，企业领导者也要做安全的"有感领导"，用自己的实际行动引领和带动员工。任何时候，企业领导者应带头遵守安全生产的相关规定要求；在安全生产与其他指标出现矛盾和冲突时，做到旗帜鲜明地展现"安全第一"的态度和标准；在面临安全事故时，企业领导者应主动承担应有责任；在安全问题解决中，企业领导者应展现极强的紧迫感、主动性和一贯性，对员工的安全关注事项给予及时、充分的回应等。

（4）传递压力与传授方法的并重。一方面，企业领导者要向员工持续强调安全生产工作的极端重要性，持续传递安全生产压力，引导和约束员工增强安全意识、充分履职尽责。另一方面，企业领导者也要指导管理人员树立系统思维，使其理解和掌握安全生产管理体系构建的基本思路和方法。企业领导者应向员工耐心细致地阐释其对安全的见解和思路，让员工们持续深化对安全生产的理解和认识，引导员工不断创新，寻求安全工作的新观点、新思路、新方法。

（5）高层领导者与基层员工的并重。一方面，企业领导者必然要重视与分管负责人、部门主管等中高层管理者的常态化沟通，将自身的安全压力有效传递，促使中高层管理者充分履职。另一方面，要构建与基层管理者有效沟通的渠道，缩短沟通距离，形成互动关系，如定期的安全会议以及日常中经常性的互动交流等。企业领导者应与基层管理者建立和谐、相互信任的关系，重视其需求和愿望；针对基层管理者的各类生活与工作需求，企业领导者应给予必要、及时、有针对性的回应；企业领导者应深入调研，为基层管理者的安全管理工作扫除内部和外部的障碍。

**3. 管理模式创新**

《安全生产法》提出了"三管三必须"的明确要求，但目前部分建筑企业仍处于传统型、经验型的管理模式，把"三管三必须"仅作为一种管理理念和宣传口号，缺乏具体的落实思路和举措。系统安全管理仅仅还是一种理念、一种说法，系统管理的大安全格局尚未形成，单一的部门监管模式并未打破，各个管理系统未全面履职并形成有效联动，安全生产管理与监督未形成有效合力。

按照"三管三必须"的明确要求，安全风险过程管控的责任主体是企业的"生产线"系统及各子系统，但"生产线"系统及各子系统并不太清楚自己的安全生产责任，更不清楚如何真正的履职到位。

目前，相关的法律法规和大部分企业的规章制度对安全管理机构的职责定位并非足够清晰和明确，企业的安全管理机构与其他生产要素管理系统之间缺乏较为清晰明确的责任边界。

部分企业安全管理"管监不分"未形成管理闭环，部分企业"管监分离"未形成管理合力，安全管理机构"既是运动员又是裁判员、关键时候充当消防队员"的情况普遍存在。同时，各个管理系统往往各自为政，系统之间缺乏有效联动，不易形成安全管理系统合力。

部分企业安全管理的责任系统未发挥管理作用，安全监督的责任系统被迫去行使管理责任，监督能力有限。

以上情况如果不彻底得到改观，安全管理系统提升就缺乏基本的管理基础。因此，企业应从大安全生产的视角出发，持续对管理决策、"生产线"、安全监督等系统及其子系统在安全管理链条中不同的安全责任进行明确和细化，持续压实"生产线"系统对安全生产全过程管理、安全监督系统对安全生产全过程的监督等基本责任，构建完整的安全管理监督链条，实现从"单一监管"到"系统联动"的转变，这是系统提升的核心要义。其要点是在以下三个方面持续发力，压实管监责任，形成管监合力：

（1）压实"生产线"等系统的管理责任。按照"三管三必须"的原则，结合各个管理系统的基本职责定位，持续强化"生产线"、工程应急等系统及其子系统"做好本职工作就是最好的安全履职"的导向,持续对"生产线"、工程应急系统及其子系统的安全风险管控责任进行细化和分解,形成每个系统、每个岗位的安全管理工作清单,让每个系统、每个岗位都对自己应履行的安全生产责任清晰掌握,了然于胸。深刻理解各系统、各岗位履行的安全生产责任是基于其基本职责定位的一种天然属性,安全生产责任并非额外附加在各系统、各岗位的责任,而是和本系统、本岗位的基本定位深度融合、有机一体的,是自身管理责任的一部分。

(2) 强化安全监督系统的监督责任。持续强化、细化和实化安全监督系统"系统外监督、系统内管理"的基本职责定位以及监督检查、督促落实和牵头协调等主要职能。围绕"1(体系建设)+4(系统督查、隐患排查、考核评价、事故管理)"等重点工作,形成监督工作清单。同时,创造有利条件加强队伍建设,使安全监督系统能更好、更高效地监督各个系统的正常运行、各个岗位的安全履职。

(3) 提高系统的自组织、自调整、自修复能力。持续在各个系统内部对功能定位、机构设置、人员管理、制度设计、运行机制、考核评价等基本要素进行梳理完善,提高系统自组织、自调整和自修复能力。同时,持续优化系统间、层级间的运行机制也至关重要,对机制运行过程中的堵点、难点和痛点问题要及时发现和解决,使各个系统有效联动形成系统管监合力,真正构建大安全格局。

**4. 机制运行高效**

运行机制是企业安全管理体系正常运行的关键要素,但目前部分企业安全管理机制的构建和运行仍处于碎片化、随意性、被动式状态。具体体现在以下四个方面。

1) "碎片化"的运行机制

管理者对运行机制的重要性和本质规律认识不足,机制的构建缺乏系统性,呈"碎片化"状态。机制的构建仅取决于管理者的经验、习惯,甚至是拍脑袋决策,管理者未能从整个管理体系的视角进行整体性的规划和构建,对体系运行中出现的突出问题难以敏锐发现并及时解决,更无法找到系统性提升和改进企业安全生产管理水平的有效途径。

2) 系统之间存在信息壁垒

系统与系统之间，子系统与子系统之间，特别是"生产线"系统与安全监督系统之间，"生产线"系统的各个子系统之间存在无形的"系统隔墙"。"系统隔墙"给企业安全管理带来很多危害：一是信息无法快速准确进行传递，形成信息孤岛，信息、资源和技术不能有效共享；二是沟通成本增加，流程运转不畅，机制运行形成堵点；三是反应速度降低，导致企业整体运行效率降低；四是在不同系统的交叉地带易出现管理黑洞，即"三不管"地带，可能对企业产生更为严重的影响。

3）层级之间存在运行堵点

大型建筑企业往往管理层级较多，管理链条较长，使层级之间的信息传递和机制运行的及时性、准确性、有效性成为难题。例如，上级组织对下级组织的情况缺乏有效的掌握和管控手段，往往仅通过资料的报送、下级的主动汇报来了解和掌握情况，而下级习惯于"报喜不报忧"，从而使汇报的信息片面或者失真。此外，上级组织决策意图的传达往往只通过下发文件、召开会议等方式进行，上级文件的下发传达到基层组织周期过长，下级无法全面、准确、及时掌握和理解上级组织决策的意图、背景、要求等。这些问题形成层级之间信息传递和机制运行的"肠梗阻"。

4）机制逐步固化成机械的流程

相关人员习惯于被动式开展工作，不能立足于体系的有效运行主动地、有创造性地开展工作。运行机制逐步固化成机械的流程，相关人员只重形式、不重内容，只重流程、不重实效，看似流程在正常运行，但运行成效却大打折扣，无法实现运行机制应有的管理目标。

驱动机制的有效运行，实现从"碎片化、被动式"向"系统联动"的转变，这是安全管理系统提升的着力点和关键点，需从以下三个方面持续发力：

（1）持续优化运行机制。企业应对机制运行情况进行动态监控，对因机制系统性缺失、机制运行条件的改变、相关节点责任人能力作风不足等原因造成的机制运行不畅、机制运行失效等问题及时进行优化解决。

（2）拆掉"系统隔墙"。拆除系统之间、部门之间无形的墙是实现系统有效联动的前提和基础，可采取以下措施：

①用制度流程进行规范。按照横向原则，用制度流程来规范系统、岗位之间的沟通管辖，在企业内部打破原有的机械格局，在制度和流程上鼓励、要

求和规范跨系统、跨部门之间的沟通合作。

② 在管理体制上进行优化，为机制运行创造条件。在企业和项目层面实行"大部制"，从根本上减少"系统隔墙"。企业也可以明确生产和安全必须由同一副职领导进行分管，既响应了"管生产必须管安全"的基本要求，也从管理体制和责任分工上为拆除安全监督系统与"生产线"系统之间的"系统隔墙"创造有利条件。

③ 建立沟通渠道和平台。在"生产线"系统与安全监督系统、工程应急系统之间及其各子系统之间建立常态化、多维度的沟通机制、渠道和平台，实现系统之间的常态化沟通。

④ 建立系统间协同考核指标。按照"三管三必须"的原则和各个系统的安全责任，对安全考核指标进行跨系统考核。以跨系统、跨部门的考核指标促进各个系统共同实现管理目标。

⑤ 建立系统轮岗机制。对安全监督系统和"生产线"系统的相关岗位人员根据专业特点进行一定周期内的轮岗，让相关人员加深对不同系统岗位安全责任的理解和认识。从长期来看，这也是拆除"系统隔墙"的一种有效方式。

（3）打通层级之间的"肠梗阻"。层级之间的"肠梗阻"是层级间机制运行的堵点，是系统管理中的顽瘴痼疾，必须采取有效措施予以打通消除。实施"穿透式"管理就是一种有效方式。"穿透式"管理不是指上级组织对下级的所有工作都"一竿子插到底"，而是在各个管理层级按照基本层级职责定位开展工作的基础上对一些重要工作或易出现堵点的工作进行提级"穿透式"直接管理。例如，重要的要求指令必须由上级组织直接传递到基层组织；重难点高风险项目必须由上级组织进行项目管理策划；突出的风险防范必须由上级组织对全过程进行监控；重大隐患的整改必须由上级组织进行全过程督办等。同时，强化立体化、网络化的信息网络传递，而不仅是依赖"点对点"线性的信息流传递方式。上级组织的各个管理系统应定期对下级组织的相关工作进行常态化的梳理分析。这些都是打通层级之间"肠梗阻"的有效手段。

**5. 全员责任压实**

对于大部分企业来说，"安全就是安全专职人员的事""安全人管安全"的陈旧认知和管理行为仍不同程度存在，"全员安全"的局面尚未形成，具体体现在：

（1）部分岗位的人员不清楚自身的安全管理责任，更不清楚如何有效履行。

（2）各级领导人员在进行工作部署时，仍习惯性地认为安全管理就是安全监督系统人员的事，安全监督系统人员仍然承担了一些应由"生产线"系统岗位承担的任务和责任。

（3）当安全管理出现问题进行原因分析和责任追究时，安全监督系统和专职人员往往是首当其冲。

那么，如何实现全员安全？全员安全是要把安全领导力传递给全体员工，把安全责任层层分解和压实到每一个岗位和员工，充分调动全员的积极性和创造性，并通过常态化的安全生产教育培训，持续提升员工的安全意识和安全技能，形成人人关心安全生产、人人懂得安全生产、人人提升安全意识、人人做好安全生产的局面，从而提升安全生产管理水平。

全员安全责任的压实需要两个基本支撑，也就是"全员安全生产责任制"和"全员教育培训"，这是全员安全的"鸟之双翼、车之两轮"，如图6-7所示。通过全员安全生产责任制明确每个岗位的安全生产责任，为全员安全提供责任支撑；通过全员教育培训持续提升每个员工的安全素质，为全员安全提供素质支撑。同时，两者之间也会相互影响、相互促进。明确落实全员安全生产责任制能促使相关人员产生学习的压力和动力；教育培训能使员工的安全素质

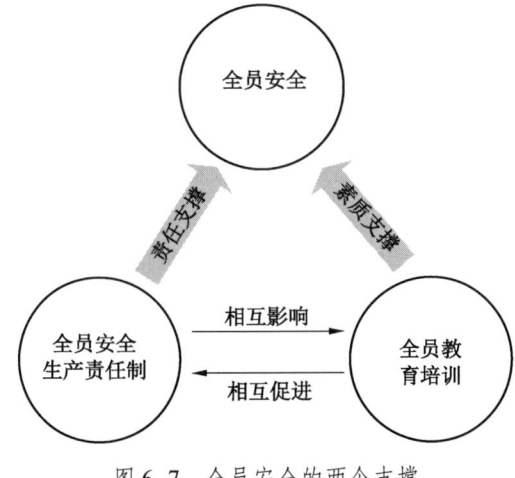

图6-7 全员安全的两个支撑

## 第六章 企业安全管理体系评价与提升

得到提升,更好地履行自身安全生产责任,从而有效促进企业全员安全责任制整体成效的提升。

**6. 专业团队建设**

安全监督系统队伍建设直接影响着企业安全管理体系运行的质量和效率,其重要性不言而喻。但是,由于对安全管理机构定位不清、生产经营指标的压力及其他原因,部分企业的安全监督系统队伍建设出现了较为突出的问题,具体表现在:

(1) 安全监督系统队伍呈边缘化趋势。部分企业安全监督系统的重要性体现明显不足,存在逐步边缘化的趋势。在人员配备、部门待遇、职务晋升等方面不能和经营、生产、人力资源等部门相提并论,个别企业甚至在企业改制过程中,将企业和工程项目部内的安全管理部门并入其他生产管理部门,这在一定程度上弱化了安全管理工作。此外,部分企业和工程项目部对施工现场安全员的岗位重视不够,现场安全员往往由施工员兼职,造成现场安全管理力量不足、责任不清、管控不力。

(2) 队伍结构难以满足管理要求。在安全监督系统人员结构上,部分企业存在"专业人才少、工作年限短、低学历人员多、劳务派遣多"的特征。这种情况在工程项目部层面体现得更加突出:部分人员素质偏低,履职能力薄弱,缺乏对工程的理解及对技术方案的认知,把握不住安全风险管控的要害与关键。

(3) 队伍稳定性明显不足。由于安全监督岗位具有风险较高、职业晋升通道相对狭窄、工作需直面问题和矛盾等特点,使得人才流失较为严重,优秀人才多不愿从事安全监督工作。有的企业甚至将在工程技术等岗位表现较差的人员转岗到安全监督岗位,形成了一定程度的恶性循环。

如何有效解决以上问题、有效加强安全监督系统队伍的建设、实现从"边缘化"向"专业化"的转变,这是企业安全管理体系提升的基本保障。企业应系统性地进行安全监督系统队伍建设规划,把住"三个关口"(入口关、使用关、出口关),全方位、系统性地加强队伍建设,为企业安全生产提供监督保障的人才支持。

1) 入口关

建筑企业从安全监督系统人员管理的入口关抓起,从优选拔任用人员,逐步优化队伍结构,解决现阶段存在的人才瓶颈问题。

（1）综合素质。安全监督岗位是一个综合性较强的岗位，要求相关人员应具备一定的专业知识、管理素养、沟通能力、现场经验等。因此，在配置安全监督岗位人员时应充分考虑基本素质、学历专业、知识结构、从业经历等综合因素。

（2）个性作风。安全监督岗位是一个较多直面问题和矛盾的岗位，常需要面对一些复杂局面，所以要求相关人员具有较强的抗压能力、清晰缜密的思维和动真碰硬的作风。老好人主义、简单粗暴的工作方式都做不好安全监督工作。因此，配置安全监督岗位人员时同样应充分考虑人员的个性特征及工作作风，抗压能力突出、敢于动真碰硬、善于主动沟通等是优先考虑的特点。

（3）专业优势。建筑行业安全监督的基础是工程技术和系统管理，需要相关人员具备较强的专业素养。但目前普遍存在专业人才缺乏的状况，大部分人员是半路出家，安全管理专业、工程技术专业人才占比较低，从而导致安全监督系统履职不充分、不到位。企业必须高度重视这个系统性问题，从人才入口阶段就进行超前和统筹规划，加大安全管理专业、工程技术专业人才招录和引入比例，逐步改善安全监督队伍的专业结构。

2）使用关

目前的安全生产形势给安全监督系统和人员提出了更高要求，除了把住入口阶段，引入优质人才之外，加强安全监督系统队伍人员的日常培养和使用同样至关重要。

（1）教育培训。"打铁还需自身硬"，要更好地履行监督检查职能，首先应提升监督队伍自身的能力水平。因此，要建立安全监督系统人员的常态化教育培训机制，从安全管理理论、相关法律法规、安全体系建设、安全风险防控、安全技术基础等方面多渠道、多方式、有重点、有计划、分层次、重实效地开展教育培训工作，多维度、系统性、根本性地持续提升安全监督人员的安全意识和履职能力。

（2）交叉任职。由于对安全监督系统人员综合能力素质的要求，因此，在人才培养使用过程中采用交叉任职的方式丰富相关人员的任职经历是行之有效的一种方式。部分建筑企业的一些思路、做法值得思考和借鉴：有的企业对新招录安全工程、土木工程类专业院校毕业生和从成熟岗位转录进入充实专职安全队伍的人员有计划地安排到工程技术岗位从事不少于 2 年的工作；有的

## 第六章　企业安全管理体系评价与提升

企业明确要求新提拔的工程项目部安全总监必须有技术管理工作经历；有的企业要求企业层面的安全总监宜具有基层项目经理的工作经历等。

(3) 关心激励。安全监督岗位往往直面问题和矛盾，岗位面临的风险和压力都较大，因此，需要企业领导重视和加强对安全监督系统队伍人员的关心和激励。例如，有的企业实施注册安全工程师津补贴，对获取注册安全工程师的安全监督系统人员给予一次性奖励，对从事安全监督工作的注册安全工程师每月发放执业津贴；有的企业实行安全专项管理津贴制，安全监督人员享受专项津贴，提升安全监督岗位吸引力；有的企业实行领导人员与安全监督人员定期对话机制，由企业领导及时了解、关心和解决安全监督人员在思想、工作、学习、生活中遇到的问题和困难等。这些做法能进一步激发安全监督系统人员的工作热情和主观能动性，更有助于形成团队安全管理合力。

3) 出口关

实现安全监督系统队伍人才的正常流动，保持队伍活力是提升队伍战斗力的重要环节和方法。

(1) 发展通道。企业应构建安全监督系统人员的发展通道机制，建立人才梯队，让更优秀的人才进入安全监督系统队伍，并有效解决目前较普遍存在的发展通道受限导致相关人员积极性不高等问题。有的企业政策上鼓励和支持"项目经理竞选过程中，若竞选人员具有安全管理工作经历给予加分"，这就是一种有益的尝试和探索。项目经理具备安全管理工作经历更具备直面矛盾和困难的基本素质，对安全管理认识更深刻、思路更清晰，从而更有利于项目各项工作的开展和管理目标的实现，也在一定程度上解决了安全监督系统人员的职业发展通道问题。建筑企业应在安全监督系统人员的职业生涯通道规划和实施上进行更多有益的探索和实践。

(2) 淘汰机制。企业应完善对安全监督系统人员的考核评价机制，对表现优秀的予以提拔使用和表彰奖励，对工作态度、工作作风、工作能力等方面不达标的人员建立和实施逐步淘汰机制，从而不断激发队伍活力，提升队伍整体素质。

(3) 专家队伍。企业应建立和完善安全监督专家队伍运行机制。特别是针对部分安全监督管理专业能力突出，但因年龄、学历等因素不适合提拔到领导岗位的专业人员，应通过聘用为企业专家等方式，提高其政治待遇和经济待遇，充分发挥其专业能力和专家作用。

### 7. 教育培训固本

教育培训是安全管理中的重要工作，开展常态化、系统性的安全生产教育培训是按照《安全生产法》的规定履行企业主体责任的基本要求，也是提升从业人员的安全意识、安全知识、安全技能的主要手段，更是安全管理体系有效运行和提升的途径。建筑企业在教育培训工作的实施过程中，普遍存在以下突出问题：

（1）培训管理系统性不足。未能根据不同层级、不同类别、不同专业、不同岗位人员的教育培训需求，系统性、立体化、分层级、分类别开展教育培训工作，碎片化、随机化、"眉毛胡子一把抓"的情况较为普遍。部分企业只重视针对施工现场作业人员的教育培训，忽视针对各级管理人员的教育培训，造成管理人员对系统安全管理的认知理解不到位，无法有效履行安全管理责任。

（2）培训成果实效性不强。存在形式主义现象，"以会议替代培训、以交底替代培训、以签字替代培训"的方式较普遍存在。重形式而不重本质，重痕迹而不重实效，看起来培训计划很完善、流程很规范、记录很完整，但培训实效性明显不强。

（3）培训内容针对性不够。培训内容千篇一律，未根据培训对象的需求进行有针对性的准备和实施，难以补强培训对象的短板、实现培训目标。

（4）培训方式创新性不足。培训方式单一枯燥，更多的是采用文字、PPT等方式在会议室集中进行宣读讲授，对培训对象的学习热情激发不足，培训成效不佳。

面对现阶段安全法律法规越来越规范、安全技术更新迭代日趋加快、建筑企业从业人员素质参差不齐的现状，要实现安全管理的体系提升，首先应提高教育培训工作的质量和成效。针对教育培训工作存在的共性问题和缺陷，应从以下三个方面进行提升和改进，从而实现从"重痕迹、重形式"到"重本质、重实效"的转变。

1）强化培训工作的系统性

企业应进一步提高对安全教育培训工作的认识，明确各层级、各系统的教育培训工作责任、工作流程、工作方法、工作标准、工作要求及考核评价方式等、系统性、立体化、常态化地开展教育培训工作。

2) 分层级、分类别开展培训工作

企业应根据教育培训的不同对象,有计划、有侧重、有针对性地准备培训内容。开展教育培训工作,切实提高不同层级、不同类型管理人员的安全管理素养和现场操作人员的安全作业技能。培训对象大体可分为以下六类,培训内容也应有所侧重。

(1) 领导人员:以习近平总书记关于安全生产重要论述、国家安全生产方针政策、安全管理理论、安全管理体系建设和运行、安全领导力建设等内容为主。

(2) 安全专职人员:以安全法律法规、安全风险管理基本思路和方法、安全管理体系建设和运行、管理和专业执行标准、现场存在的风险及防范措施、应急处置要求等内容为主。

(3) 系统管理人员:以有关法律法规、系统安全责任和工作内容、业务系统安全专业知识、风险管理基本思路和方法等内容为主。

(4) 现场管理人员:以施工现场存在的风险及防范措施、施工方案的管控要点、典型事故案例及施工现场安全生产应知应会等内容为主。

(5) 作业人员:以现场存在的风险及防范措施、工种和工序作业要点、操作规程、典型事故案例及施工现场安全生产应知应会等内容为主。

(6) 新上岗、转岗人员:以新岗位应履行承担的安全生产责任、新岗位所需的安全管理知识、新岗位所应具备的安全管理技能等内容为主。

3) 创新方法和场景

在组织开展安全教育培训时,应不断创新培训方式,充分结合技术交底、方案研究、安全例会、现场点评、班前讲话、安全检查、事故分析等具体工作场景,有效运用微课堂、云平台、培训工具箱、动漫、视频、案例警示片等平台和形式,持续提升培训效果。事故案例教育有着较为突出的典型性、直观性、冲击性,往往是安全教育中最有说服力的一种方式。特别对现场作业人员来说,直观的事故案例教育成效往往更加显著。企业层面应对各种典型案例进行系统性的收集、整理、剖析并分级、分类组织教育培训,提升培训实效,实现培训目标。

**8. 科技创新驱动**

科技创新是国家重大发展战略,安全生产科技创新是本质安全和安全管理体系提升的有力支撑。但现阶段建筑企业在安全生产的科技支撑方面还存在诸多不足，主要体现在：

（1）科技创新与施工生产脱节。科技创新和施工生产之间存在明显的"两张皮"现象。企业的安全生产科研课题往往只是为了申报奖项、评选职称，科研成果不易转化为安全生产力，能为施工现场安全管理带来显著成效的成果并不多见。

（2）科技创新资源整合不足。建筑企业与相关高校、科研机构、设计单位等外部资源之间，企业内部各个层级及各个系统之间的科技创新资源缺乏有效整合，不易形成优势互补的创新合力。

（3）创新成果不能有效推广运用。行业和企业缺乏有效的成果交流和共享机制。一个工点、一个项目、一个企业的成果往往只限于在本工点、本项目、本企业运用，无法发挥其最大效用。

（4）智能化手段应用不足。智能化手段在安全管理运用方面相对落后，大部分企业仅限于视频监控等简单用途，有的企业开发了隐患排查治理等信息化系统平台，由于种种原因也逐步沦为一种摆设。

要实现安全管理体系提升，必须充分发挥科技支撑作用。安全生产科技创新以防范和遏制较大及以上事故为核心，必须找准发力方向和提升路径，重点解决影响安全生产的技术瓶颈和关键性技术难题，以"机械化换人、自动化减人、智能化无人"为基本方向，努力实现"科技手段保安全"。"机械化换人、自动化减人、智能化无人"主要是指以机械化生产替代人工作业，以自动化控制减少人为操作，消除人员在危险环境中暴露和人为误操作带来的安全风险，以智能化手段监测安全风险，以信息化系统提高安全管理的效能，减少安全管理中人为因素的负面干扰和影响，从而从本质上提高安全生产科技保障能力和本质安全水平，从根本上有效防范和遏制事故发生。

21世纪是万众创新的"互联网+"时代，为实现"四化手段保安全"提供了良好的科技环境，建筑企业应顺应时代特点，立足自身实际，充分利用自身资源，并与高等院校、科研机构、社会团体、设计单位等科研资源加强合作，紧密结合施工现场，围绕"机械化换人、自动化减人、智能化无人"进行系统提升。

1）推进科技融合安全发展理念

企业应牢固树立依靠科技与安全生产深度融合发展的基本理念，统筹各方资源，结合企业实际，强化技术管理和科研开发，强化工艺、装备研究应用，强化智能化、数字化手段和平台的研究运用，通过科技手段促进本质安全管理水平的提升。

2）完善相关运行机制

企业应围绕科技与安全生产深度融合发展理念，构建关于课题立项、研讨交流、成果共享、考核评价、转化运用等运行机制，持续激发相关人员的工作激情，增强科技创新活力，提升成果转化效能。

3）实现科技赋能

淘汰落后的安全生产工艺和技术设备。加强对隧道、桥梁、路基、地铁等专业工艺、装备的研究运用，做到"以工装保工艺、以工艺保安全"。针对存在火灾风险的重要场所，应用火灾早期报警和灭火装置，用科技手段赋能本质安全水平。

4）系统平台的运用升级

组织专业人员或委托专业公司，结合建筑行业特点和已有类似管理系统平台，按照"层次清晰、板块齐全、应用简洁、智能分析、互通兼容"的原则，开发运用和升级更新风险分级管控与隐患排查治理系统平台，提升双重预防机制工作效率和质量。

5）智能化监管、数字化分析

充分采用智能化监管手段和数字化分析手段提高安全管控水平和效率。推广应用"盾构掘进数字化管控、混凝土搅拌站智控系统、监控量测数据传输系统、有毒有害气体自动监测传输系统、工程线轨行区间运输智能化管控、环境监测系统、智能化可视化安全交底"等智控工具，强化盾构掘进轴线控制、深基坑边坡及支撑体系变形、隧道围岩的稳定、有限空间作业的环境、轨行区间运输状态、治污降尘减霾情况、交底培训实效等工作的过程管控，做到快速准确掌握现场情况，有效管控安全风险。

**9. 企业安全文化**

1）企业安全文化

关于企业安全文化一词存在诸多定义。《企业安全文化建设导则》（AQ/T 9004—2008）对企业安全文化的定义为：被企业的员工群体所共享的安全价值观、态度、道德和行为规范组成的统一体。应该说，这种定义是较为全面和深刻的，也较为符合我国企业安全生产管理和发展现状。

管理学中的"横山法则"认为："自发的才是最有效的，激励员工自发工作是最有效的方式。要激起员工对企业和对自己工作的认同，激发他们的自发控制，找到员工的内驱力，从而变消极为积极。"最高层次的管理，就是没有管理，就是"无为而治"。企业安全文化的境界如图6-8所示。

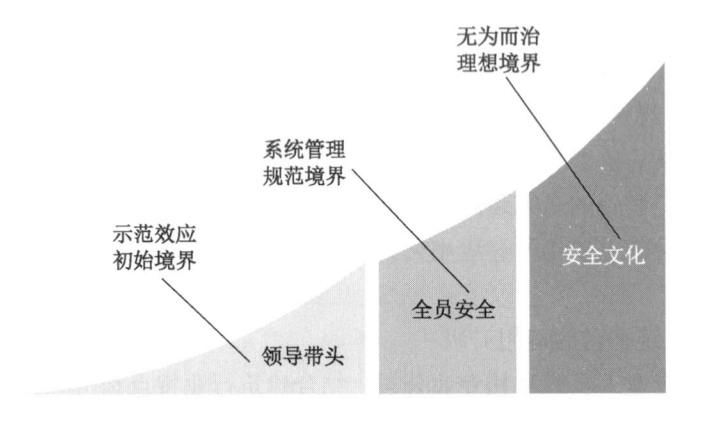

图 6-8　企业安全文化的境界

企业安全文化就是帮助员工形成这种内驱力的最有效途径。安全管理的最高层次就是通过建立企业全体员工共建共享的安全文化，让安全成为每个员工的内驱力，让安全成为每个员工自发、自觉的思维和行为习惯，这才是真正的本质安全。

从管理的层次和境界来说，安全领导力、全员安全、企业安全文化也分别代表了企业安全管理的不同层次和境界。企业、体系与个人的不同层次和境界如图6-9所示，企业、领导与全员文化逐层递进如图6-10所示。

领导层的安全领导力和示范效应是极为重要的，但过于依赖领导带头的企业安全管理模式还处于安全管理的初始层次和境界。

在领导带头的基础上，明确系统和全员安全管理责任，构建有效运行的机制，建设责任明确、机制有效、全员负责、全员管理的安全生产管理体系，这就是较为规范的现代企业安全管理的层次和境界。

在安全领导力和全员安全的基础上，建立先进的、积极的、正面的、全员

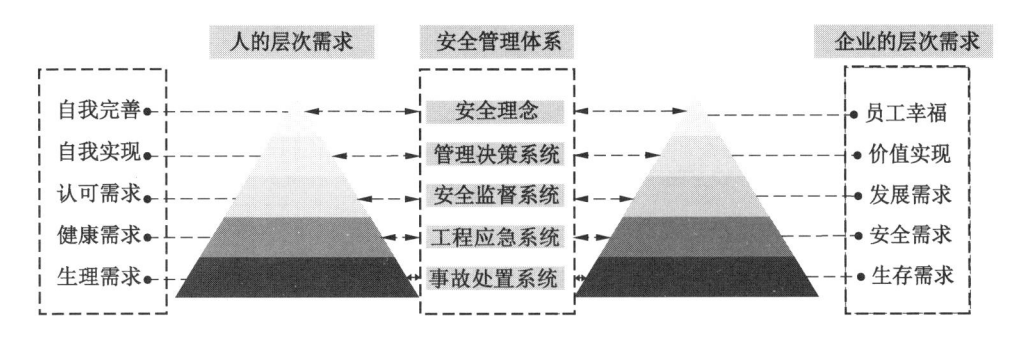

图 6-9 企业、体系与个人的不同层次和境界

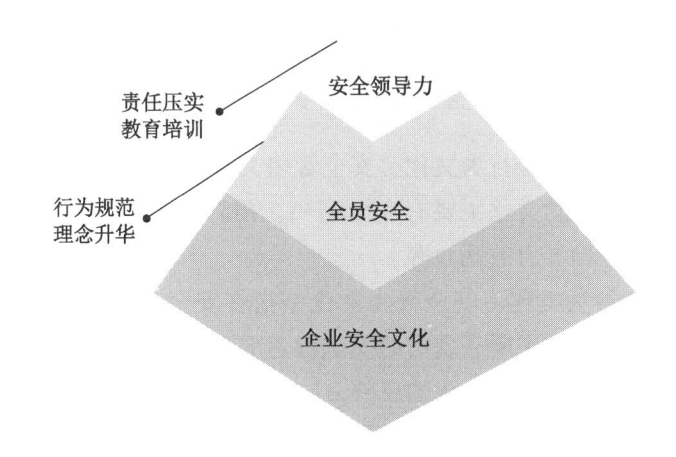

图 6-10 企业、领导与全员文化逐层递进

共享的企业安全文化,让安全成为每个员工的内驱力,让安全成为每个员工自发、自觉的思维和行为习惯,真正做到"无为而治",这就是现代企业安全管理的理想层次和境界。

2)企业安全文化内容

从文化的形态来说,企业安全文化的范畴包含安全观念文化、安全行为文化、安全管理文化和安全物态文化四个部分,如图 6-11 所示。

(1)安全观念文化。安全观念文化是指企业领导者和全体员工共同接受的安全理念、安全意识、安全价值标准等。安全观念文化是企业安全文化的核

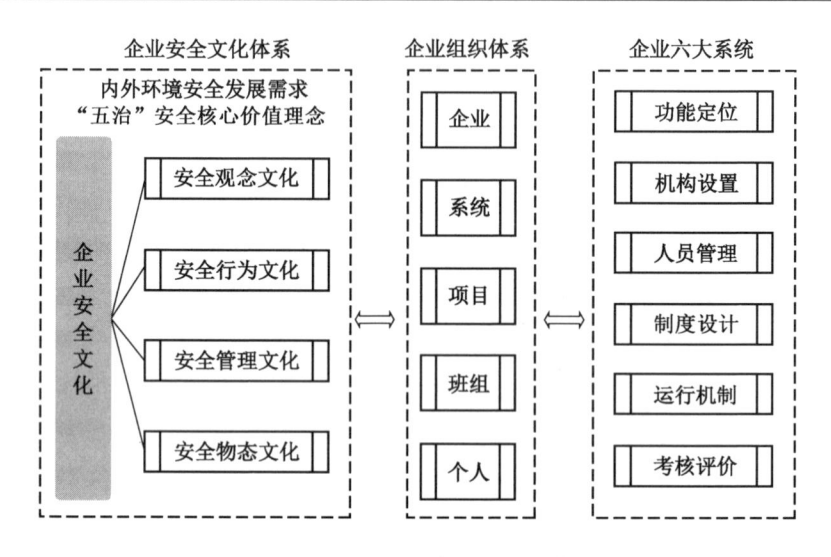

```
企业安全文化体系          企业组织体系      企业六大系统
┌─────────────────┐      ┌────────┐      ┌────────┐
│ 内外环境安全发展需求 │      │  企业  │      │ 功能定位 │
│ "五治"安全核心价值理念│      ├────────┤      ├────────┤
│      ┌─安全观念文化 │      │  系统  │      │ 机构设置 │
│ 企业  │            │      ├────────┤ ⟷    ├────────┤
│ 安全 ─┼─安全行为文化 │ ⟷    │  项目  │      │ 人员管理 │
│ 文化  │            │      ├────────┤      ├────────┤
│      ├─安全管理文化 │      │  班组  │      │ 制度设计 │
│      │            │      ├────────┤      ├────────┤
│      └─安全物态文化 │      │  个人  │      │ 运行机制 │
│                  │      │        │      ├────────┤
│                  │      │        │      │ 考核评价 │
└─────────────────┘      └────────┘      └────────┘
```

图 6-11　企业安全文化范畴

心和灵魂，是形成安全行为文化、安全管理文化和安全物态文化的基础。现阶段需建立的安全观念文化主要有安全第一、预防为主、以人为本、系统管理、标本兼治、安全领导力的观念等。

（2）安全行为文化。安全行为文化是指在安全观念文化指导下，全体员工在生产和生活过程中所表现出的安全行为准则、思维方式、行为模式等。安全行为文化既是安全观念文化的反映，同时又作用并改变安全观念文化。现阶段需发展的安全行为文化主要有讲科学的安全思维、重实效的安全培训、系统性的安全管理、执行严格的安全规范、科学的安全领导和指挥、必需的应急自救技能、合理的安全操作等。

（3）安全管理文化。安全管理文化对企业全体员工的行为产生规范性、约束性影响和作用，它集中体现为安全观念文化和安全物质文化对领导和员工的管理要求。现阶段安全管理文化建设包括建立并完善安全管理体系、制定企业标准和制度设计、合理构建运行机制、奖惩并重的安全考核评价等。

（4）安全物态文化。安全物态文化是企业安全文化的表层部分，它是形成安全观念文化和安全行为文化的条件。从安全物态文化中往往能体现出企业领导的安全认知和态度，反映出企业安全管理的理念和哲学，折射出安全行为文化的成效。现阶段安全物态文化主要体现在施工技术和工艺的本质安全性，施工装备、安全装置、仪器、工具等物态本身的安全条件和安全可靠性,可视化的安全宣传等。

3) 安全文化促进安全管理

安全文化是个体安全管理的补充。安全管理虽然极为重要,但是安全管理的有效性依赖于对被管理者的监督和反馈。但管理者不可能在每时、每事、每处都对每一位员工遵章守纪行为进行密切监督,这必然产生安全管理的疏漏。被管理者为了某些利益,例如省时、省力、多挣钱等,会在缺乏管理监督的情况下,无视安全规章制度,"冒险"采取不安全行为。

安全文化手段的运用,正是为了弥补安全管理手段不能彻底改变人的不安全行为的先天不足。树立正确的安全观和安全理念,使被管理者在内心深处认识到安全是自己所需要的,而非别人所强加的;使管理者认识到不能以牺牲劳动者的生命和健康来发展生产,从而使"以人为本"落到实处,变外部约束为主体自律。

安全文化是系统安全管理的需要。积极的安全文化和系统安全管理能够形成互相促进、持续提升的关系。一方面,系统安全管理的思想和行为本身就是先进安全文化的重要组成;另一方面,积极、正向的安全文化也会促进系统安全管理突破瓶颈,实现持续提升。

根据系统安全理论中人类对安全的认知是相对的观点,就算是最完善的安全管理体系也有思虑不周的地方,制度设计最完善的企业也会有事故发生,这也意味着企业从系统管理到真正的本质安全之间仍然有一段很长的路要走。严律重典是确保管理体系有效运行的重要手段,但是当安全管理水平达到一定程度之后,管理体系的运行质量和效率就会遇到瓶颈,即使管理再严格也难以突破,此时就需要构建企业安全文化来提升现有的安全管理水平。

4) 企业倡导的安全文化

企业安全文化是企业安全生产的软实力,是企业安全发展的动力与灵魂。企业安全文化建设是一项长期性、系统性的工作,其核心和重点是安全文化倡导。企业安全文化倡导的内容与企业的文化传承、规模特点、人员结构、领导风格、管理习惯等因素密切关联,没有一定之规。每个企业应选择与自身匹配的、正面的、积极的、先进的、易于理解和传播的安全文化进行提炼、凝聚和升华。笔者在对建筑企业进行充分调查研究的基础上,提炼形成了"心存三个敬畏、践行四个责任、遵循'五治'原则、弘扬三种作风"的企业核心安全文化（图6-12），以期提供启发和借鉴，努力实现企业安全管理更高境界的目标。

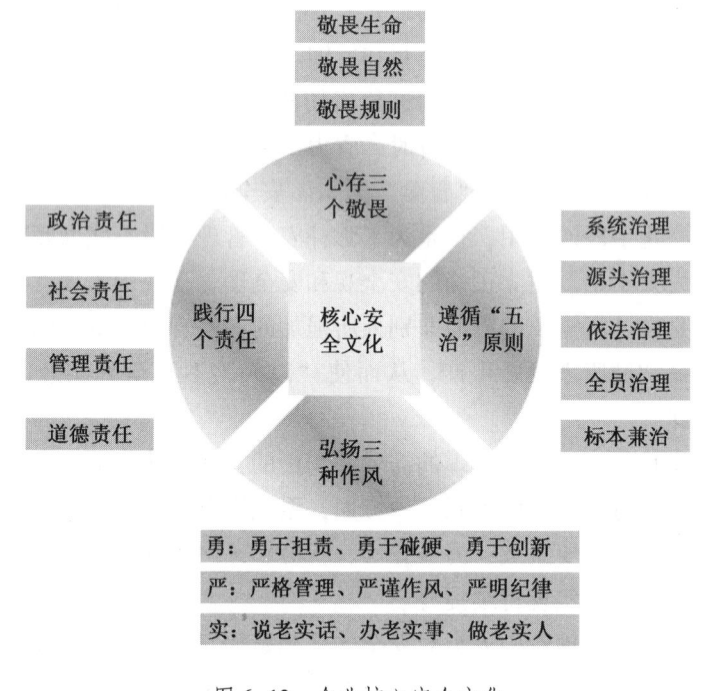

图6-12 企业核心安全文化

（1）心存三个敬畏。古人云："治常生于敬畏，乱常起于骄纵。"各级管理人员、操作人员应充分认识身边存在的风险，时刻心存敬畏，做到"敬畏生命、敬畏自然、敬畏规则"，时刻保持"如临深渊、如履薄冰、如坐针毡"的心态，增强忧患意识、危机意识和压力意识，这是做好安全工作的根本前提。

① 敬畏生命就是要理解"人民至上，生命至上"的深刻内涵，把员工的生命健康作为所有工作中的头等大事，真正从内心深处把保证员工的生命健康作为开展安全管理工作的出发点。

② 敬畏自然就是保持对施工现场、作业环境存在的风险高度敏感，对地质、气候、水文、自然灾害等自然现象的复杂性有深刻认知，尊重自然规律，

遵照规律办事，加强系统管理，不能无知无畏，不能心存侥幸，不能全凭主观决策。

③ 敬畏规则就坚决维护各项法律法规、制度设计、运行机制、操作规程的严肃性，把各项管理规则始终置于长官意志、个人意愿之上，把严格遵守管理规则作为安全管理的基本准则，把严格落实管理规则作为安全管理的基本方法。

（2）践行四个责任。企业的领导人员和管理人员应切实增强安全管理的责任感、使命感，以更高的道德和政治站位去认识和理解自己所承担的安全责任，充分认识到安全管理既是一种管理责任，也是一种道德责任，更是社会责任和政治责任。

① 管理责任是指在其位、谋其政、履其职、负其责。"安全第一"，管好安全就是各级管理人员的第一管理责任。也就是说，"谁的工作，谁负责安全；谁的业务，谁负责安全；谁的属地，谁负责安全；谁的员工，谁负责安全。"

② 道德责任是指从尊重生命、敬畏生命的最基本道德层面来说，各级领导人员和管理人员应该首先对员工的生命健康负责，真正做到以人为本。这是比管理责任更根本、更纯粹的道德责任。

③ 社会责任是指一个组织对社会应负的责任。安全生产关系广大人民群众生命财产安全，关系经济社会发展大局，也是维护社会安定团结、促进国民经济持续、健康发展的基本条件。

④ 政治责任是指要深刻认识目前内外部环境的复杂性、严峻性，站在讲政治的高度看待安全生产问题。作为企业的领导和管理人员，应保障人民生命财产安全，维护企业的安全稳定，为社会稳定和国家安全作出应有贡献。这是落实习近平总书记重要指示精神、履行企业和企业领导人政治责任的基本体现。

（3）遵循"五治"原则。以系统治理、源头治理、依法治理、全员治理、标本兼治为主要内容的"五治"原则对企业安全管理的核心、方法、前提、途径和目标进行了清晰明确的厘清和阐述，是企业现阶段安全文化的核心内容。

（4）弘扬三种作风。安全管理工作具有复杂性、系统性、长期性的特点，必须大力弘扬"勇、严、实"的三种工作作风,才能克服各种困难,实现安全管理目标。

①"勇"就是要做到"勇于担责、勇于碰硬、勇于创新"。安全管理直面问题、困难和矛盾,必须有勇于担当的决心和勇气,才能战胜困难、化解风险。"勇于担责"就是各个系统、各个岗位对自身的安全管理责任不回避、不推诿,积极主动、创造性地履行自身安全责任;"勇于碰硬"就是面对安全管理过程中遇到的矛盾和问题,不讲情面、不当老好人,敢于应对复杂局面,敢于直面复杂问题,敢于破解管理难题;"勇于创新"就是面对安全生产的新阶段、新形势、新要求,做到与时俱进,不断创新工作思路和方法,推动安全管理取得更好成效。

②"严"就是要做到"严格管理、严谨作风、严明纪律"。安全管理要用铁的手腕,严字当头,从严管理,才能实现安全生产的全面可控。"严格管控"是指对安全生产过程中的各个要素、各个环节加强卡控,对隐患"零容忍"、对问题"零包容",严卡控、严监管、无折扣、无死角;"严谨作风"是指在安全管理中必须注重细节、精益求精,尊重事实、尊重规律,以小见大、防微杜渐;"严明纪律"是指以认真负责的态度抓安全,做到理直气壮、铁面无私、动真碰硬、无所畏惧,做到严纪律、讲规矩、重执行。

③"实"就是要做到"说老实话,办老实事,做老实人"。安全管理来不得半点虚假、疏忽、含糊,否则就可能酿成严重后果,因此,必须要做到实事求是、脚踏实地、扎实推进。"说老实话"就是下发文件、布置工作、汇报情况时不说大话、不说空话,立足于发现问题、直面问题、解决问题;"办老实事"就是勇于担当、敢于负责,恪守规则、真抓实干,不务虚名、力求实效,俯下身子、贴近现场,以扎实有效的工作做到履职尽责;"做老实人"就是在安全管理中坚持原则,坚守底线,不弄虚作假,不虚报浮夸和报喜不报忧,不漂浮、不作秀、不推诿、不忽悠,敢于暴露自己的问题,也敢于指出别人的问题。

### 10. 信息化管理

随着新一代互联网技术的飞速发展和应用,信息化已成为企业提高安全生产管理能力和实现安全发展的重要保障。信息化是当今世界经济和社会发展的趋势,也是实现产业优化升级和国家工业化、现代化的关键环节。

"安全生产信息化"在国家各级政府有关政策法规文件中多次被提及，2021年9月修订施行的《安全生产法》首次将"安全生产信息化建设"要求以法律条文的形式呈现，进一步凸显了安全生产信息化建设的重要性和紧迫性。国家"安全生产治本攻坚"行动要求继续推进人工智能、大数据、物联网等技术与安全生产融合发展，加大建筑企业安全风险监测预警系统建设应用和升级改造力度。国务院国资委安全生产监督管理办法中也明确指出，要积极应用现代信息化技术和手段提升安全生产管理信息化水平。信息化管理手段具体如何与企业安全生产管理系统深度融合，并没有完全统一的标准，需要不断探索和实践。

1）什么是安全生产信息化

安全生产信息化是利用信息技术，及时采集安全生产管理各种要素和数据进行统计分析，之后再将分析结果及时反馈，从而达成指导和帮助实时开展安全生产管理的一种信息技术手段。对于建筑企业来说，就是根据企业自身管理实际情况，利用信息化手段加强安全生产管理工作，贯通企业各层级、各系统安全管理链条，开展安全生产电子台账管理、重大危险源监控、职业病危害防治、应急管理、安全风险分级管控和隐患自查自报、安全生产预测预警等信息系统建设，增强安全生产各项管理工作时效性，为各项安全管理业务快速、准确、高效开展提供技术和信息保障。

2）信息化手段与企业系统管理融合

信息化手段应用的重要功能是服务于企业"大安全"生产系统管理，对于如何将信息化手段与系统管理深度融合是值得探索和研究的课题。结合本书"大安全"生产系统理论和系统防控方法，信息化手段应贯通企业各层级、各系统，规避安全管理工作"两张皮"，打造全业务、全流程、全要素安全生产管控体系，构建全时间、多维度系统防控信息化管控方法。

（1）贯通企业各层级。不可否认，当前建筑企业已经运行的信息化管理系统很多，OA信息化管理平台更是多数企业信息化管理的重要手段，基本实现了从"人找事"到"事找人"的转变。但是，企业总部战略部署、管理指令和管理要求依然难以有效贯穿企业各管理层级，长期存在"贯彻落实未贯彻""及时响应未响应""沙滩流水未到头"等问题。因此，信息化管理手段应在贯通企业总部、工程局、子分公司、工程项目部层级间的"系统"运行能力和运行方法手段上持续提升。

（2）贯通企业各系统。安全生产是各系统的共同工程，安全信息化管理应贯通企业管理决策系统、"生产线"系统、"协同保障"系统、安全监督系统、工程应急系统、事故处置系统。而实际上，在建筑企业不同程度存在安全信息化管理是"安全监督系统的事"，在企业信息化管理的过程中，也长期存在"安"字号文件在系统内直上直下的情况。不仅如此，甚至存在"安全风险双重预防工作机制"在安全监督一个系统运行，根本未认清安全生产的管理本源。因此，企业在进行信息化管理的方法和路径设计时，就应从管理源头上进行设计，实现系统间互联互通，提高业务办理效率、精度和准度。

（3）涵盖系统基本要素。信息化管理建设要涵盖企业各系统"功能定位、机构设置、人员管理、制度设计、运行机制、考核评价"等基本要素。例如，在功能定位上，可随时查询和动态管理各系统功能定位，可查询各系统功能定位与企业大系统功能关系，服务于企业整体目标；在人员管理上，人员业务逻辑要全盘考虑，增强适用性，要考虑到不同岗位、角色人员具体的业务逻辑；在制度设计上，涵盖"大安全"生产各系统业务基本需求，贯通业务接口、规范管理行为；在运行机制上，信息化管理系统与现行管理制度要有效衔接，配套与各系统相适应的管理工具；在考核评价上，通过信息化系统自动推送、自动识别、自动统计、自动分类汇总转发等功能，为考核评价提供支撑依据。

（4）贯通六维度防控。隐形风险识别、显性风险控制、业务系统管理、"协同保障"、安全监督（隐患排查治理）和工程应急六维度系统防控是防范安全事故的本质安全手段。因此，企业安全生产信息化管理更要与系统安全防控管理有机结合，把六维度系统安全防控的管理理念、管理制度、管理方法引入管理流程中，实现安全管理创新，以此建立良性的安全管理规范和流程，实行科学安全管理，提升企业整理安全管理水平。

3）助力工程项目安全管理能力提升

信息化手段助力工程项目安全管理能力提升，其实质本意是提高安全管理效率、提升安全管理准确性、推动安全管理创新。但从目前来看，一些企业和工程项目虽然应用了信息化手段，但是业务系统未贯通、线上线下重复工作、定编定员限制等问题较为突出，信息化手段已成为部分企业项目观摩、迎检等形式主义的花架子。因此，信息化手段的应用至少应遵循以下原则：

（1）贯通业务系统，减少线下操作。建筑企业同时运行多个信息化管理系统是比较普遍的现象，比如生产组织系统运行工程项目管理平台、安全监督系统运行隐患排查治理系统平台等，但系统与系统之间没有贯通、整合，各系统掌握工程项目分布、数量、生产动态、风险等信息存在不对称、不及时、不准确的现象。此外，往往由于各系统中的重复工作、重复统计，对工程项目部负责具体业务的人员来说苦不堪言。因此，信息化建设应涵盖、贯通各业务系统日常管理要求，明确各业务系统使用对象、业务操作逻辑、数据关联对象等，促进安全管理整体提升。

（2）简化业务流程，降低培训周期。信息化手段应方便应用，实现及时有效管理。例如，业务管理人员仅需按业务流程进行简单操作即可进行设备推送报修，减少业务管理人员工作负担。此外，应实现对各业务管理人员进行简单培训即可操作的目标，降低培训成本和周期。

（3）通盘系统考虑，整合信息渠道。信息化手段的应用，理论上是助力工程项目实现安全生产模式规范化、数字化的重要手段，也是项目各业务系统掌握安全生产信息、安全生产风险工序提示、推送防范举措的快捷渠道。因此，信息化手段除了贯通项目各业务层，做到信息共享，更应贯通上级企业，实现标准统一、上报方式统一、业务系统数据统一，整合信息管理资源和渠道。

（4）培养专业人才，重视人文关怀。受企业人员编制限制，或者未引起企业"关键少数"重视，建筑企业长期缺乏信息化管理专业人才。即使建立了信息化管理体系和路径，到项目应用层面也在一定程度上存在填报数据失真、应付了事的情况。基层项目管理人员在原有工作任务的基础上，又增加信息化管理工作，难免工作积极性不高。因此，从企业层面要对信息化管理人才的使用进行提升和创新，制定科学合理的激励约束措施，畅通人员成长晋升渠道，对人才给予人文关怀，推动人员管理模式向科学化、规范化方向转变。

> 安全管理工作永远在路上,企业安全生产管理体系的评价与提升是触动观念、推动转变、带动行为的漫长过程,绝不是一蹴而就的。因此,鲜明有效的方法和路径就显得尤为重要,安全生产是一项系统工程,企业要围绕系统的要素、连接和功能进行安全生产管理体系的评价与提升,这是实现企业本质安全的必由之路也是必经之路。

## 参 考 文 献

[1] 邱昭良. 系统思考实践篇 [M]. 北京：中国人民大学出版社，2009.
[2] 德内拉·梅多斯，邱昭良. 系统之美 [M]. 杭州：浙江人民出版社，2022.
[3] 丹尼斯·舍伍德，刘昕，邱昭良. 系统思考 [M]. 北京：机械工业出版社，2023.
[4] 方东平. 施工安全管理——行为、文化、领导力 [M]. 北京：科学出版社，2018.
[5] 罗云，许铭. 现代安全管理（第三版）[M]. 北京：化学工业出版社，2016.
[6] 崔政斌，张美元，赵海波. 世界 500 强企业安全管理 [M]. 北京：化学工业出版社，2022.
[7] 张建国. 建筑施工企业管理体系实施手册：质量·环境·职业健康安全 [M]. 北京：中国建筑工业出版社，2003.
[8] 耿裕华，于建. 新形势下建筑企业安全生产风险分析与防范 [M]. 北京：清华大学出版社，2020.
[9] 刘祖德. 事故致因理论发展概述 [M]. 武汉：中国地质大学出版社，2021.
[10] 施炜. 管理架构师：如何构建企业管理体系 [M]. 北京：中国人民大学出版社，2019.
[11] 崔政斌，赵峰. 杜邦安全体系 [M]. 北京：化学工业出版社，2023.
[12] 罗云，赵一归. 企业安全文化建设 [M]. 北京：煤炭工业出版社，2018.
[13] 刘景良. 安全管理（第四版）[M]. 北京：化学工业出版社，2021.
[14] 王凯全. 安全系统学导论 [M]. 北京：科学出版社，2019.
[15] 三藏. 重新定义安全 [M]. 北京：中国财政经济出版社，2016.
[16] 戴世强，杨伟华，刘奕. 安全事故预防的行为控制与管理方法 [M]. 北京：人民日报出版社，2021.
[17] 马中飞，程卫民. 现代安全管理 [M]. 北京：化学工业出版社，2022.
[18] 张安顺，张金平，郑鹏. 安全第一：反"三违" 查隐患 防事故 抓整改 [M]. 北京：人民日报出版社，2022.
[19] 汤凯. 安全简史：从个体到共生 [M]. 北京：清华大学出版社，2020.

# 后　　记

本书承载着践行"两个至上"的历史使命，浓缩了作者几十年丰富的实践经验和对系统管理的思考，寄托着人们对本质安全生产的期盼。作者直面企业安全管理实践困局，不断探索和破解企业当前安全生产诸多现实问题，采用了辩证唯物主义分析方法和系统观的哲学思想，深度融合了底层逻辑思维，发展了安全生产管理理论，提炼总结了实用有效的工作方法，具有以下四个方面特点：

一是安全管理系统性观点是对工程实践的科学总结。本书以具体工程建造实践为例，系统演绎了工程建造的生产过程和原始面貌，运用系统思维、着眼系统思考、统筹系统关系，提出了安全生产是一项系统工程、安全管理的主体是"生产线"系统、干好本职工作是最大的安全履职、正确的决策是安全生产的根本保障、专职安全监督系统的本质属性是监督、专职安全监督系统的终极目标是"消灭"自己等具有前瞻性、全局性、实践性的系统性观点。

二是企业安全管理系统实践启示是对管理困局的全面审视。建筑企业部分从业者不清楚风险、危险源与隐患的逻辑关系；知道安全生产要标本兼治，但是对于"什么是治标、什么是治本"存在认识上的模糊；知道安全生产是全员责任制，但不清楚如何有效推动全员责任制落实；知道企业要组织建立并落实双重预防工作机制，但不清楚双重预防工作机制的实践逻辑和路径。本书结合企业安全生产管理困局，不断深化和探索安全生产管理的内在规律，理性、系统地对当前企业安全管理工作进行全面客观的自我审视和全面分析，形成了企业安全管理系统实践启示。

三是大安全生产 SESP 系统理论是本书的理论创新。当前，国际国内推行的事故致因理论有几十种，为企业安全生产管理提供了强有力的理论支撑。为深度适应当下建筑企业安全管理实际，在传统事故致因理论的基础上，本书基于系统方法论，还原工程建造安全生产实践活动，结合安全风险预控和事故致因分析，全周期、全维度、立体化推演了风险-事故的演变机理，创新提出了大安

## 后　　记

全生产 SESP 系统理论。该理论是实践的理论创新，也是理论的实践升华。

四是企业安全生产管理体系构建与运行是基于理论基础的重塑。以安全生产管理系统观为引领，基于大安全生产 SESP 系统理论，构建了一种涵盖管理决策、"生产线"、"协同保障"、安全监督、工程应急和事故处置六大系统的安全生产管理体系，创建了业务管理系统基本模型。通过全员参与、全系统联动、全方位贯通的运行机制，使安全生产管理体系具备全时间、全周期辨识风险、排查隐患和工程应急的能力，以此达到系统安全，最终实现企业本质安全。

本书在系统理论的基础上，希望通过厘清底层逻辑、重塑管理体系、发挥系统合力、还原安全监管本质等手段和方法，提升企业系统防控能力，但在系统理论分析、解决研究范畴、层级体系运行上可能还存在局限性。

企业安全管理工作永远在路上，随着科技进步、认知更新和管理创新，企业安全生产管理模式不断向事前预防数字化转型，人工智能、大数据、物联网等技术与安全生产深度融合，"机械化换人、自动化减人"不断推进，与时俱进的管理认知和文化引领同样是实现企业本质安全管理的一条现实途径。以上内容在本书中虽有涉及，但是由于本书篇幅有限，后续作者将继续多维度研究和探索在变革时代企业安全管理的有效方法与实践路径。

一部好作品的问世，需要团队协作，在成书过程中，我和我的团队成员彼此交流、相互启发、深度碰撞，产生了聚合效应，对本书中的系统观点和安全生产管理体系构建、运行、提升等方面的撰写起到重要推动作用，在此向所有团队成员表示诚挚感谢。有关部委、高等院校和大型建筑企业专家在本书审稿过程中对本书系统观点、理论创新、体系构建和运行等方面提出了宝贵的意见和建议，在此向每位专家、学者表示崇高敬意。此外，我也非常感谢我的爱人董艳在本书成稿全过程中给予的鼓励和支持，成绩的取得离不开我爱人的无私奉献和默默支持。

最后，向所有支持和帮助我的领导、同事、朋友和亲人表示感谢！

希望本书所述的系统观念、管理理论和系统方法能为更多企业管理者和学习者提供参考与借鉴。

闫子才

2024 年 3 月 20 日